博碩文化

Software
Engineering
Modern Approaches

現
代軟體工程

物件導向軟體發展策略

邸忠義、薛念林、馬尚彬、黃為德 編著

Software
Engineering
Modern Approaches

現代軟體工程
物件導向軟體發展策略

作　　者：郭忠義、薛念林、馬尚彬、黃為德
企劃主編：Simon
責任編輯：高珮珊
行銷企劃：黃譯儀

發 行 人：詹亢戎
董 事 長：蔡金崑
顧　　問：鍾英明
總 經 理：古成泉

出　　版：博碩文化股份有限公司
地　　址：221 新北市汐止區新台五路一段 112 號 10 樓 A 棟
　　　　　電話 (02) 2696-2869　傳真 (02) 2696-2867

發　　行：博碩文化股份有限公司
郵撥帳號：17484299　戶名：博碩文化股份有限公司
博碩網站：http://www.drmaster.com.tw
讀者服務信箱：DrService@drmaster.com.tw
讀者服務專線：(02) 2696-2869 分機 216、238
（周一至周五 09:30 ～ 12:00；13:30 ～ 17:00）

版　　次：2015 年 3 月初版

建議零售價：新台幣 450 元
I S B N：978-986-201-997-9（平裝）
律師顧問：永衡法律事務所 吳佳憓

本書如有破損或裝訂錯誤，請寄回本公司更換

國家圖書館出版品預行編目資料

現代軟體工程 / 郭忠義等著 . -- 初版 . -- 新北市
　：博碩文化，2015.03
　　面；　公分
　ISBN 978-986-201-997-9 (平裝)
　1.軟體研發 2.電腦程式設計
　312.2　　　　　　　　　　　104002289

Printed in Taiwan

博 碩 粉 絲 團　歡迎團體訂購，另有優惠，請洽服務專線
　　　　　　　　(02) 2696-2869 分機 216、238

降低發展軟體系統的工作量、減少發展軟體系統所需的時間是現今軟體發展流程的主要趨勢。本書將說明物件導向軟體工程的特徵、並提供物件導向當中，簡易實用的重要特有功能與技術，善用這些技術將能更有效率地發展軟體系統。

光靠一種方法或流程就想打遍天下，在軟體發展中是不可行的，所謂「one size fits all」並不適用於軟體發展。因此，本書著重於介紹軟體發展流程的框架（framework），開發者可以將此框架「客製化」以適合本身的需求。讀者在學習本書之後，將有能力應用物件導向技術從事軟體發展工作。

本書分 11 章綱要如下：

第 1 章「軟體工程概說」（Introduction to Software Engineering）：複習基本軟體工程與物件導向的觀念，這些觀念可以協助學習者容易了解往後的章節。

第 2 章「物件技術辭彙」（Vocabulary of Object Technology）：簡介物件導向常用的詞彙與觀念。

第 3 章「物件導向符號」（Object-Oriented Notations）：簡要介紹常用的物件導向「統合建模語言」（Unified Modeling Language – UML2.0），UML是實際上（de facto）的標準物件建模語言，幾乎已經成為所有軟體發展者所接受用來發展軟體的語言，全書所繪製的圖形皆使用 UML 工具繪製，故仍維持以原文表示。

第 4 章「統合軟體發展流程」（Unified Software Development Process）：我們提供一則「事例研究」（case study）說明物件導向軟體發展流程，學習者藉此容易應用 UML 發展本身的專案。

第 5 章「軟體設計原理」（Software Design Principles）：發展軟體有許多軟體設計原理（software design principles）可以參考遵循，如此可以省卻許多設計工作量（efforts），協助發展者發展可保養的軟體系統，提高設計品質。

第 6 章「軟體發展樣式」（Patterns for Software Development）：樣式存在於軟體架構與設計問題之中，使用樣式發展軟體可以解決多種複雜的問題，我們重點在如何使用樣式來設計軟體，鼓勵學習者發展軟體時能以樣式為思考模式，由此容易以樣式為字彙與其他發展者溝通。

第 7 章「物件導向軟體測試」（Object-Oriented Testing）：物件導向軟體測試主要目的與傳統的測試相同，乃希望以系統化的方法，使用最少的資源來找出軟體內最多的錯誤，因此在測試策略、測試技術與流程上有異於傳統的測試方式。本章主要介紹這些測試技術與方法。

第 8 章「基本敏捷建模」（Basic Agile Modeling）：以敏捷觀念介紹一些有用的建模原理與應用，讓發展者能夠容易設計模型，該類模型符合發展需要。

第 9 章「敏捷發展方法」（Agile Methods）：依據軟體發展宣言（the Manifesto for Agile Software Development）的價值，以及根據敏捷宣言所擬出的 12 項敏捷原理，導引出各種敏捷軟體發展方法，我們將特別介紹：Scrum 方法。

第 10 章「責任驅動設計」（Responsibility-Driven Design, RDD）：RDD 是對於物件導向軟體設計的一般性隱喻式（metaphor）思考，物件被認為一種角色責任（role-responsibilities）而非資料演繹（data-algorithms）的型態，因此 RDD 主張類別 - 責任 - 合作（Class-Responsibilities-Collaboration）的觀念。

第 11 章「模型驅動架構」（Model Driven Architecture, MDA）：2000 年早期，Object Management Group（OMG）發表「模型驅動架構」為其策略方向，並於 2003 年發表「MDA Guide Version 1.0.1」白皮書，從此 MDA 的發展具有其「官方」的依據，該白皮書定義軟體發展是基於創造精確並正規的模型以描述問題領域，軟體系統由該模型轉換而成，我們將在本章詳細說明 MDA 技術及其優點。

　　附錄 A「軟體度量」（Software Metrics）概念：度量是任何工程的基礎，軟體發展者並不只是執行軟體產品，還必須能控制專案，同時能夠預測，諸如所須的發展工作量、時間、軟體規模，以及產品的可靠度等產品的屬性，正如 DeMacro 所言：「如果你不能計量，你不但不能預測更無法控制專案」（DeMacro 規則），本附錄特別介紹如物件導向度量的屬性。

　　附錄 B「CRC 卡（CRC cards）」：CRC 卡代表「類別 - 責任 - 合作」卡（Class-Responsibility-Collaboration cards），是 1989 年由 Kent Beck 與 Ward Cunningham 所共同介紹 [1]，其出現時間大約與 WWW 相同，這個工具開始用來教導新學員物件導向觀念與程式製作，後來的演變卻超乎在教室裡的需要，而成為軟體分析、設計以及敏捷思考的工具，CRC 卡的軟體發展方法屬於非正規方法（informal approach），但可做為正規方法的輸入，如 Booch 方法，OMT，OOSE，Shlaer/Mellor 方法，Unified Process 以及 RDD 等，因此 CRC 卡適用於任何軟體發展方法。我們之所以介紹 CRC 卡乃是因為它簡單易學，而且可避免發展早期陷入太細節，或產生雜亂且定義不清楚的類別。

　　本書主要提供大專院校研究生或大三、大四學生研讀，同時也提供工業界人士，需要以傳統或敏捷方法發展可保養的軟體系統時參考，研讀本書，必須具有軟體工程，以及物件導向程式語言的知識，如 Java 或 C++ 語言。

　　書中部分內涵取自參考資料，請參照全書最後的「參考文獻」所列舉的書籍與論文，尤其參考：[Booch07]，[Larman05]，[Martin07]，[WBM03]，[Ambler02] 與 [Dathan11] 等書籍，同時使用的工具包括：ROSE® 2003（IBM Rational Software Co. 產品），StarUML（open source UML tool），QuickCRC 與 QuickUML（Excel Software 產品）以及 OptimalJ（Compuware Co. 產品）。

1　http://c2.com/doc/oopsla89/paper.html

　　本書主要在介紹物件導向的觀念與技術，之取名為「物件導向軟體發展策略」，並不企圖涵蓋所有的物件導向技術，但特別介紹一些現今為人所注意的軟體發展方法，諸如「敏捷發展方法」，以及「模型驅動架構」等，同時也介紹傳統的 UP，甚至於比較具長久歷史但少為人提起的方法與工具，如 RDD 與 CRC 卡等。因此讀者研讀本書之餘，也同時能夠參酌其他「物件導向軟體工程」書籍如 [Booch07] 或 [Larman05]，以獲得更完整的物件導向相關知識。

　　作者特別感謝任何對本書的評論，以便將來修正。

郭忠義 薛念林 馬尚彬 黃為德

作者簡介

| 郭忠義 |

臺北科技大學資訊工程系副教授，多年來開授物件導向程式語言，軟體工程等課程，兼任臺北科技大學計算機與網路中心校務資訊組組長，帶領開發校務資訊系統。曾任教於教育訓練中心，擔任銀行業、電信業、零售業、遊戲產業、IC 設計業、微控制產業等軟體工程師訓練與顧問工作。目前的興趣是開發智慧型軟體系統。連絡 e-mail：jykuo@ntut.edu.tw

| 薛念林 |

逢甲大學資訊工程系副教授，於大學教授物件導向軟體工程、軟體品質與軟體測試、物件導向設計等課程，目前兼任逢甲大學資訊處系統發展組組長，協助校園資訊化系統之建置。目前的興趣在於軟體設計方法及軟體測試方法。連絡 e-mail：nlhsueh@fcu.edu.tw

| 馬尚彬 |

臺灣海洋大學資訊工程系副教授，於大學教授物件導向程式語言、Web 程式設計、軟體工程等課程，研究領域包括服務導向架構與行動運算。目前兼任臺灣海洋大學圖書與資訊處教學支援組組長，帶領開發校園行動軟體系統。連絡 e-mail：shangpin.ma@gmail.com

| 黃為德 |

作者於 1972 年獲德國慕尼黑工科大學（Technische Universität München）自然科學博士（Dr.rer.nat.），現任國立中央大學資訊工程學系榮譽教授，多年來開授物件導向軟體工程及軟體度量課程，目前的興趣在於如何應用「模型驅動架構」發展軟體系統。連絡 e-mail：wth3636@ms71.hinet.net

目錄

Chapter *1* 軟體工程概說

Chapter *2* 物件技術詞彙

Chapter **3** 物件導向符號

Chapter *4* 統合軟體發展流程

Chapter 5 軟體設計原理

Chapter 6　軟體發展樣式

Chapter 7　物件導向軟體測試

Chapter 8 基本敏捷建模

Chapter 9 敏捷發展方法

Chapter *10* 責任驅動設計

Chapter *11*　模型驅動架構

1

CHAPTER

軟體工程概說

本章只是簡介軟體工程的概念，讀者宜選讀軟體工程的書本，如 [Pressmann05][1]，以深入了解軟體工程的原理。

1-1 何謂軟體（Software）

電腦軟體或簡稱軟體是一種邏輯而非實體的系統元素（element），軟體是由這些元素所構成，軟體有幾種特性而有別於其他工程所製作產生的產品（artifacts）：

- 在電腦裡軟體是不可觸摸的（intangible），因為無法觸摸所以我們無法感覺軟體的形狀，其設計也不易視覺化。因此，雖然有許多度量方法，但我們很難正確估計其品質與發展工作量，這就是為何我們常常低估其發展時程與預算的原因之一。

- 軟體是一種複雜的事物，其之所以複雜來自於四種因素：問題範疇的複雜，發展流程不易管制，軟體本身的彈性，以及大型應用系統具有千百種變數。

- 硬體會因使用時間的延長增加其敗壞率（failure rate），但軟體不致於因使用（即使過度使用）而磨損（wear out），不過會因需求的不斷變動以及使用者與發展者之間的溝通鴻溝（communication gap）而逐漸退化（deterioration），需求不斷改變將可能引進新的錯誤，導致改變原來的設計。

- 軟體很容易大量複製，我們可以以少量的費用經由網路下載或製作 CD 的方式提供使用者，但是大部分的軟體費用是在發展，如分析與設計，而不在製造上面。

---

1 參考文獻 [Pressmann05]。

- 即使使用元件組合技術發展軟體，軟體仍然必須依客戶之需來建造，因此軟體工業是一種人工密集的工業，但由於軟體可以重覆使用，所以軟體發展是一種資本密集的行業 [Wegner84]。

雖然軟體是不可觸摸的事物，但一般用來定義軟體是以三種元素（elements）來描述 [Pressman05]：

- 電腦程式（computer program）：程式是可讀而能提供功能並能執行的物件。

- 資料結構（data structure）：能夠為程式使用的資訊。

- 文件（document）：描述作業以及程式使用，包括：專案計劃、規格、設計、保養、以及其他合法的文件等。

至於軟體種類可歸納為三種 [Lethbridge05]：

- 客戶軟體：這種軟體是用來滿足部分人們的需要，例如網頁，航空管制系統，財務系統，或訂票系統等。

- 在市場銷售的系統：稱為 COTS（commercial off-the-shelf）軟體，這類系統提供眾多人們所需要的功能，需求是依市場的需要而定，例如文字處理器（word processor），試算表（spreadsheet），編輯器（compiler），作業系統（operating system），電腦遊戲（computer game），或網路瀏覽器（web browser）等。

- 嵌入式系統（embedded system）：這類系統是在特殊硬體上執行的系統，也是可以在市場上販售，例如洗衣機，汽車，播放 DVD 設備，各種手機等都有相關功能的軟體。

軟體工程定義

　　「軟體工程」一詞正式首見於 1968 年在德國西南部 Garmisch 召開的「NATO 軟體工程研討會」（NATO Software Engineering Conference）[2]，研討會主要是想對當時的所謂「軟體危機」籌思解決之道，「瀑布模式」（Waterfall Model）就是當時所提出試圖解決軟體危機的方法。

　　軟體工程有各種不同的定義，早期 Fritz L. Bauer [NAR69] 定義為「（軟體工程是）建立並使用確切的工程原理以獲致具經濟性的軟體，這些軟體必須能在實際機器上可靠而且有效地工作」。這種定義並未談到滿足客戶的需求，依時程釋出以及度量等問題，不過 Bauer 的定義可以做為基線（baseline），可再往上增加一些重要的定義。

　　IEEE [IEEE93] 提出比較廣泛的定義：「軟體工程是使用有系統，有規則以及可度量的方式發展、操作與保養軟體，也就是應用工程原理在軟體發展上」。

　　Timothy C. Lethbridge [Lethbridge05] 定義：「軟體工程是在預計的費用與時間以及其他條件之下，以有系統發展並評估而且高品質的軟體系統的流程，以解決客戶的問題」。

　　Ivar Jacobson [Jacobson97] 認為：「軟體工程的核心就是建構由抽象到具體的各種模型的流程，每一模型提供不同相關人士（stakeholder）對系統定義的特殊觀點」。

　　下圖表示這種定義

2　NATO = North America Trade Organization.

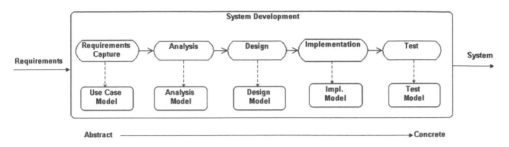

圖 1-1　軟體工程流程

　　不過不管如何定義，軟體工程是發展軟體系統以符合相關人士需求的一種工程活動。

1-3 軟體工程觀念

　　我們借用 Object Management Group（OMG）在 1988 年提供的圖形顯示軟體工程的概念，該圖形是以「統合建模語言」（Unified Modeling Language, UML）[3] 所繪製。

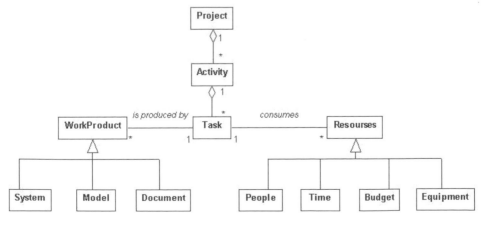

圖 1-2　軟體工程概念

3　我們將在「物件導向符號 UML」章節詳述。

每一軟體發展專案都是由許多活動（activities）所完成，每一發展活動是由許多發展工作（tasks）來完成，每一發展工作需使用多種資源（resources），包括人、時間、預算以及設備等，發展工作會產生許多產品（work products），如系統、模型與文件等。

1-4 軟體危機

「軟體危機」（software crisis）是由 Fritz. L. Bauer 在 1968 年的 NATO 軟體工程研討會上提出，危機是因軟體發展流程的複雜性，以及軟體專業的不成熟所產生，至今，雖然提出該軟體危機的現象已有數十年，而且每時間階段有不盡相同的定義，不過大致都因下述的原因，以致軟體工業產生軟體危機：

- 軟體發展專案時常超出預算與發展時間。
- 專案不易管理而且程式不易保養。
- 軟體的效能與品質低。
- 軟體往往不能完全符合需求。
- 軟體往往不能依時程釋出。
- 發展技術與軟體複雜間隙逐漸擴大。

發展軟體系統不一定會產生上述所有的問題，但是只要產生上述任何一項原因，就會引起軟體危機，可見發展軟體相當複雜困難。雖然數十年來，軟體工程師提出各種發展流程與方法試圖減低軟體危機的影響，而且也有相當成效，諸如 Unified Process（或 Rational Unified Process, RUP），各種敏捷方法（agile methods），「模型驅動架構」（Model Driven Architecture, MDA）[4]

---

4 這些發展方法我們將往後一一介紹。

等，不過一般還是認為這些發展流程或方法仍然不是所謂 "silver bullet" [Brooks87] 就可解決軟體危機，換言之，沒有單獨的方法可以避免專案過時或錯誤，不過筆者認為提高發展的抽象度可能是一種解決之道，我們將在 MDA 章節討論這種觀念，下一節「軟體工程的演變」可以證明這種說法。

軟體危機現象，舉美國為例（2004）[Mellor04]，每年至少有 2500 億美元的發展專案，其中約有 175,000 的專案包括有數百萬發展人員，但是卻有 30% 的專案未完成前就取消，一半以上的專案費用接近預期的兩倍，這些現象都可能產生軟體危機。

1-5 軟體工程的演變

軟體工程的演變流程就是不斷提升其抽象水平（level of abstraction）[Booch04]，Jos Warmer 與 Anneke Kleppe [Warmer03] 將此水平模仿 CMM 的分類方式分成 5 種層次：

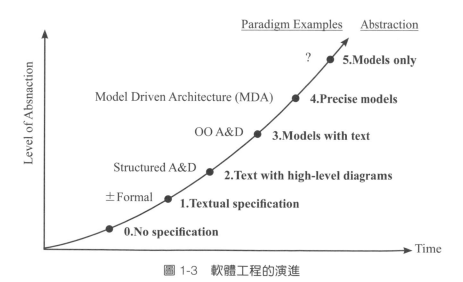

圖 1-3　軟體工程的演進

層次 0　無規格擬定：規格只存在發展者的腦海，因此發展者與使用者觀點會有相當差異，如果發展者離開，則無人可以了解其發展的概念與程式，換言之，程式無法保養。

層次 1　自然語言文件：以文字表示需求與系統的功能，雖然多少有些正規性，但是卻有一些不良特性，(1) 由於自然語言天生就有模稜兩可的特性，以致影響正確的規格定義，(2) 容易讓發展者自行詮釋業務決定，(3) 當修改程式後，規格不易隨之修正。

層次 2　文字配合圖形：除以自然語言撰寫的文件之外，如規格等，增加一些高層次的圖形以輔助說明軟體結構的輪廓，不過系統仍然以文字來詮釋，只不過因圖形的輔助而容易了解，但是模稜兩可的現象仍不易消除，結構化分析與設計（Structured Analysis and Design – Structured A&D）就屬這一層次。

層次 3　模型輔以文字：在這個層次以建模（modeling）來表示描述軟體規格，模型一般以圖形來顯示，並以自然語言或正規語言（formal language），如「物件限制語言」（Object Constraint Language – OCL）補模型圖之不足，模型圖實際代表軟體系統或其部分，我們可以依模型以人工將其轉換為程式，物件導向分析與設計（Object-Oriented Analysis and Design – OOA&D）屬這一層次的軟體發展方法。

層次 4　嚴格模型：以模型為發展的主要標的，自然語言或 OCL 可以用來解說模型或補充模型之不足，在這層次模型必須是嚴格的，因為在這一層次的模型可以自動化轉換為程式，所謂嚴格模型就是必須以定義明確的語言（具有嚴密的語法與語意如 UML）來描述模型，因模型與程式可以自動化轉換（但不能 100%），兩者更新容易，因此模型可視之為一種程式[5]，「模型驅動架構」屬這個層次的範例。

5　將於第 11 章「模型驅動架構」中詳細說明。

層次 5　完整模型：在這一層次，模型可以完整、嚴格、詳細而且一致性描述系統，程式可以完全由模型產生，而軟體發展者不必檢視程式，文字只不過是模型的注譯（comments），設計模型的語言可能是下一代的程式設計語言，不過以目前的發展技術尚未達到這一層次。

一般來說，模型與系統之間是有間隙存在，雖然程式可由模型轉換而成，但是其間往往不能完全一致，不過抽象水平以及建模成熟度的提升將會降低這種間隙，建模技術越成熟，建模與程式設計幾可說是相同的工作。

1-6 軟體工程問題

軟體工程的主要問題就是如何解決日益增加的複雜度（complexity）與需求持續的改變（change）。軟體的複雜度是其基本的特性而非偶然產生 [Brooks87]，之所以複雜可歸納成下列三點：

- 因人類的需求愈來愈多元，以致於軟體系統益形龐大而增加其複雜度。
- 軟體實作平台（platform）迅速改變。
- 各種不同程式語言、軟體發展方法、以及環境不斷產生。

至於改變，正如 Harry Palmer 所言：「這個世界唯一不變的就是改變」。為要保持軟體系統的可用性，系統必須能依使用者的環境與需求不斷演變，正如 Ivar Jacobson 所言：「所有系統需求在其生命期間都在改變，當發展系統時必須從頭到尾在心裡記住這一點。」以最近發展出的軟體發展方法，如敏捷方法或 MDA 多少可以克服軟體系統的易變與複雜。

系統、模型與建模

系統（system）

依照 Wikipedia 的定義，「系統是一些交互作用或互賴的實體所形成的完整整體（而完成事先定義的目標）」，對於電腦科學或資訊科學而言，系統可以是一種發展方法（method）或演繹法（algorithm）。系統具有結構、行為能力以及系統內各部分（即子系統）的結合，下圖範例「訂購處理系統」顯示這種概念，其中 ⊕ 表示包含之義，是 UML 的符號。

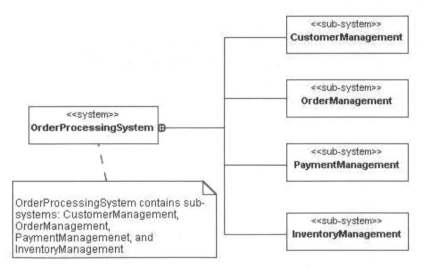

圖 1-4　許多子系統構成一個全系統

既然一個系統的結構可以由許多子系統所構成，這些子系統有各自行為的能力，而且相互作用或依賴，這些相互作用形成系統的功能，成為所謂完全的整體（integrated whole），因此整體系統的功能將大於個別子系統的功能，使用者面對的是整個系統而非個別的子系統，這種結構樣式稱為 whole-part 樣式。

模型（Model）

模型是用來簡單描述（representation）系統或系統的部份，其以具有確切語法（syntax）與語義（semantics）的語言來描寫，如 Unified Modeling Language（UML），下圖表是上述說法。

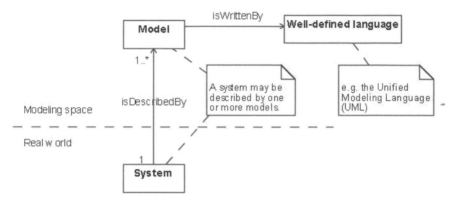

圖 1-5 系統可由許多模式來描述

事實上，一個系統可以從各種不同觀點所產生的各種不同模型來描述，例如靜態（static）與動態（dynamic）的模型等，下圖表示這種情況。

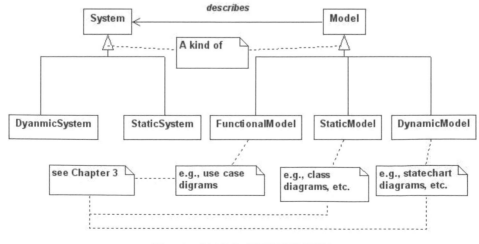

圖 1-6 以 UML 模型圖描述系統

建模（modeling）

　　建模是軟體工程的一種活動，在這種活動中允許我們使用一些比較簡單、安全與便宜的手段，以避免複雜的方式處理世界上的事與物，同時也能讓我們容易修改與更新模型。建模的基本概念是，模型是用來描述「東西」（thing）而非「行為」（action）或「（作業）流程」（processing）[6]，至於如何建造有效的模型，我們將在「敏捷建模」（Agile Modeling）一章說明。

1-8 軟體發展生命週期模型

　　生命週期模型（lifecycle model）是發展步驟的一種描述，當建造軟體產品時必須執行這些步驟。軟體工程中有許多軟體發展的生命週期模型（software development lifecycle models），比較傳統的模型，例如瀑布模型（waterfall model），螺旋模型（spiral model），迅速雛型模型（rapid-prototyping model），統合流程（Unified Process 簡稱 UP）等，本章節主要介紹瀑布模型與統合流程兩種，雖然瀑布模型目前採用者漸少，但是任何模型的流程觀念都與它有關，至於統合流程是目前大部分發展者所遵循，所以稱為 de facto 標準模型，本書所舉的範例就是以這種發展流程模型為範本。

瀑布模型

　　瀑布模型是 1970 Winston Royce 所提出 [Royce70]，這種模型是一種線性活動（linear activity）為中心的生命週期模型，其發展與管理流程是依序執行子步驟，這些子步驟稱之為發展階段（phase），簡述如下：

6　John Daniels, "Models and Abstraction," Object Expert, Vol.1(3), Mar./Apr. 1998.

- 需求與分析階段（requirements and analysis phase）：建立系統目標、範圍、服務項目以及限制條件。

- 規格階段（specification phase）：草擬產品規格，文件需敘述產品能做何種功能。

- 設計階段（design phase）：產生文件以敘述如何達成產品功能。

- 實作階段（implementation phase）：實作設計成為程式或程式模組（module）。

- 統合階段（integration phase）：統合單獨程式並測試成為完整的系統，並且保證符合軟體需求，測試後即可交付客戶使用。

- 作業與保養（operation and maintenance）：系統裝置在客戶的機器上作業，保養包括除錯與改進實作的系統單位，如有新的需求則改進系統的服務範圍。

以上階段以圖示如下：

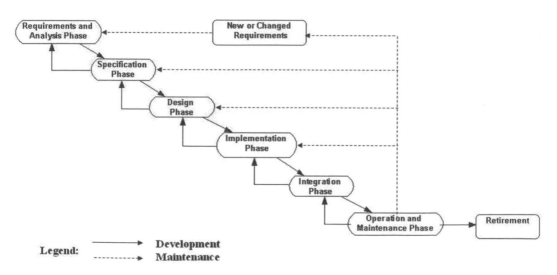

圖 1-7　瀑布生命週期模式

每一階段必須完成文件以及由「軟體品質保證」小組（software quality assurance group）保證後才能進行下一階段，以致拖長發展時間，這可能是瀑布模型的一大缺點之一，反覆（iterative）與漸增（incremental）技術可以解決部分這種缺點。

統合流程（Unified Process, UP）

統合流程是軟體發展流程的框架（software development process framework），1999 年由 Ivar Jacobson、Grady Booch 與 James Rumbaugh 所共同提出 [Jacobson99]，該框架是由 Rational 公司的 "Rational Objectory Process" 演變而來[7]，發展者可以依專案的需要 " 客製化 "（customization），而不必完全依其流程，不過「重覆與漸增」流程（iterative and incremental process）乃是其基本發展方法。

統合流程是由時間與規程（或流程）二維（time dimension and discipline dimension）所構成，時間維度包含四種階段：

- 起始階段（inception phase）：敘述專案範疇與需求。
- 詳述階段（elaboration phase）：精確初始需求、系統結構以及需求。
- 建構階段（construction phase）：建造產品，也就是撰寫程式。
- 移轉階段（transition phase）：在使用者的環境內建置產品並提供訓練。

至於規程維度包含下列流程：

- 業務建模（business modeling）：反向工程（reengineering）業務流程，也就是重新定義業務流程。

---

7 IBM 將其商業化稱為 "Rational Unified Process" 簡稱 RUP。

- 需求（requirements）：蒐集系統功能與非功能（functionality and non-functionality）等項目。
- 分析（analysis）：精細定義系統的需求。
- 設計（design）：在系統結構中實作需求。
- 實作（implementation）：產生程式使系統成為可執行的系統。
- 測試（test）：除錯外並確認整個系統是否與需求一致。
- 裝置（deployment）：將系統分配在使用者環境中。
- 專案管理（project management）：管理軟體為主的專案。

以上只是簡介統合流程的內涵，我們將在第 4 章舉例詳述，讀者可參照 [Jacobson99]，不過下圖顯示統合流程的輪廓。

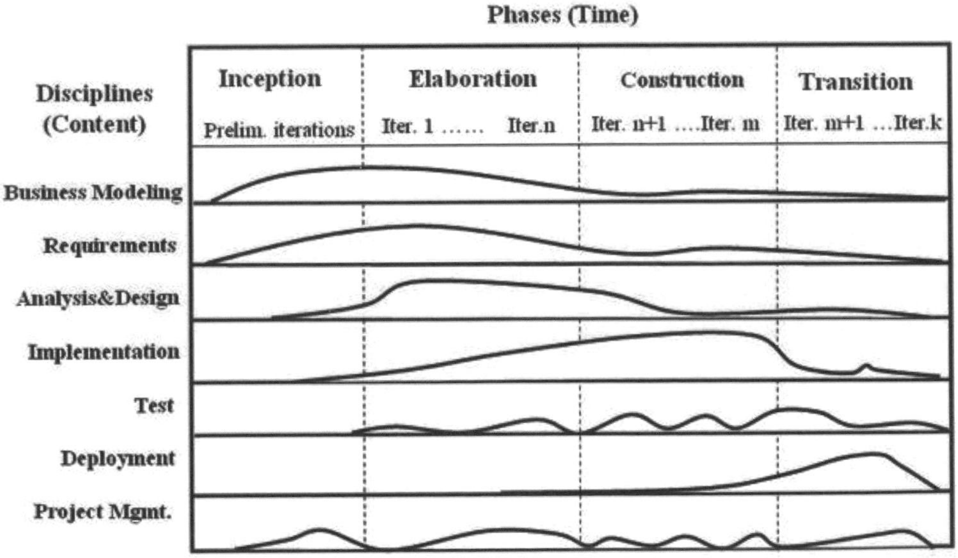

圖 1-8　統合軟體發展流程

圖中曲線的厚薄表示在該階段中規程所須的工作量（effort），我們將在第 4 章以範例說明如何使用 UP 發展軟體系統。

練習題

1. 軟體產品是不能觸摸而且並無重量，試申論之。

2. 建模的目的為何？

3. 「複雜」與「改變」是軟體工程的兩項主要問題，試說明之，並說明如何處理。

4. 軟體工程是一種工程規程（discipline），但有別於傳統的工程規程，試論這兩種規程主要區別為何？

5. 軟體發展的歷史是一種不斷提升抽象度的歷史，從 1960 年代的組合語言以至於 1980 年代的高階語言，到 2000 年代以模型為基礎的發展，試討論這種不斷提升抽象度的發展樣式（pattern）。

2
CHAPTER

物件技術詞彙

摘 要

本章節闡述下列各項物件導向技術詞彙，這些詞彙顯示部分物件導向的重要觀念，包括：物件（object），類別（class）與實例（instance），訊息傳遞（message passing），合成型態（types of composition），一般化關係（generalization relationship），物件顯現（object visibility），介面（interface），物件導向基本原則（basic principles of object-orientation）。

2-1 物件（Object）

「物件是一種不關連的實體（discrete entity），這種實體有明確的定義界限而封裝（encapsulate）其狀態（state）與行為（behavior）；是類別的一種實例」[Rumbaugh99]。Ivar Jacobson 等人 [Jacobson92] 認為「物件是一種實體（entity）而能夠儲藏狀態值（資訊），同時提供一些作業元（operations）以檢定或影響其狀態」。Grady Booch 等人 [Booch07] 更清楚定義為：「物件是具有狀態（state）、行為（behavior）與識別（identity）的實體，其結構與行為相似的物件由共同的類別來定義，實例與物件（往往）可以相互交換使用」。綜合這些定義，「物件具有狀態（即屬性），表示明確定義的行為（即作業元或方法），而且具有單一的識別。總之，物件是由識別、狀態以及行為來表現其特徵：

- 識別：識別是每一物件的特性以與其他物件區別，這種特性是物件天生存在的，例如試算表（Spread-Sheet）的第 2 行第 5 列的 Cell 值如與第 3 行第 2 列的 Cell 同值，但兩者屬不同物件，其識別也不同，又如我們的社會有許多同名同姓者，但是他 / 她們的識別卻不同，因他 / 她們的屬性值不同之故。

- 狀態：每一物件包含有靜態（即屬性）的特性，而每一特性具有現時動態的值（即屬性值）[Booch07]，屬性值可以由物件的作業元在任何時間點的運作而改變。狀態是物件的私有，非其他物件所能直接窺視，這種

拒絕擷取物件內部資料的觀念稱為「資訊隱藏」（information hiding）。物件的狀態包含所有的特性以及每一特性現時（current）的值 [Booch07]，狀態通常是靜態的，而作業元通常是動態的。

■ 行為：物件的行為是由一組作業元或責任（responsibility）[WBM03]**⁸** 所促成，以滿足自己或其他物件之需，當其他物件有要求或傳遞訊息時，相關的作業元將更新狀態內的資訊（即屬性值），因此我們可以說，物件的行為表示物件之外的活動（activity）。有些作業元隱藏只提供本身使用，但是作業元如果是可見的（visible），就構成介面（interface）而對其他物件提供完整的行動（act）與反應（react），物件因此是完整（integrity）而不能被破壞，完全由行動來定義，但可以接受其他物件的要求，不過物件可以在明確定義（well-defined）的方式下，加以修改其行為或與其他物件的交互作用。

沒有物件是孤立存在的，在其存在的生命週期中扮演許多種不同的「角色」（role）[WBM03]，包括：服務提供者（service providers）、資訊擁有者（information holder）、結構者（structurer）、協調者（coordinator）、管制者（controller），以及介面者（interfacer），這些角色標明各種不同的責任（responsibilies），物件的責任就是有義務實行某種工作以及知悉某些資訊，也就是「實行」（doing）與「知道」（knowing）等動作，例如，學生物件自己有兩項責任：知道他 / 她的學號，同時實行登記課程。當物件要實行某種工作時往往需要其他物件的合作才完成，也就是說與其他物件交互作用，該合作的物件稱為「合作者」（collaborator）**⁹**，因此當物件要執行某種工作時，可以送要求給合作者請求幫忙，這個合作者知道相關的資訊、提供服務、連絡其他物件以及做決定，如此物件借助合作以解決問題。

8　參照 2.5 小節有關「分類」的介紹。

9　這些觀念將在第 10 章「責任驅動設計」（Responsibility-Driven Design，簡稱 RDD）一章詳述。

2-2 類別與實例（Classes and Instances）

類別是「對一群具相同屬性、作業元、方法、關聯與行動的物件的描述者」[Rumbaugh99]，簡言之，類別描述具相同特徵（features）的一群物件，相較於物件，類別是抽象；而物件或稱實例是具象（concrete）的實體（entity），其存在於時空之中，因此類別只是一種模板（template），具有作業元（operations）或方法（methods）以及屬性（attributes）與資訊形態（information type）等名稱，但沒有實際的值；物件是由類別產生，而含有實際的值，因此我們可以說，類別是一種高階的資料型態，例如，寫程式時（Java），可以宣告：myClass myObject，myClass 是型態，而 myObject 是其物件，換言之，myClass 是 myObjejct 的型態，當執行程式時，類別的動作有如製造工廠，製造程式所需的物件或稱實例（instance），這個動作稱為「實例化」（instantiation），如下圖所示：

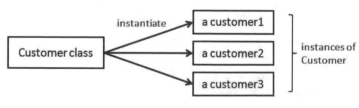

圖 2-1　類別與實例

實例與物件是同義字，兩者可以互用，但前者是由類別產生的實例，後者是泛指在真實世界中的實體，可扮演各種角色如上述。類別是應用系統的建造基石。

類別可分成抽象類別（abstract class）與具象類別（concrete class），抽象類別不能直接實例化產生實例，它是具象類別的介面，而具象類別可做實例化的動作，例如，「學生」是抽象類別；而「全職學生」與「半職學生」是

具象類別，兩者是學生類別的子類別，下圖以 UML 符號（參考第 3 章）表示這種結構：

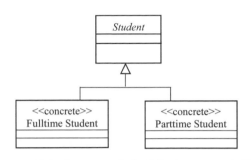

圖 2-2　抽象（abstract）與具象（concrete）類別

　　要注意的是，全職與半職學生並非由學生所實例化，因為抽象類別並沒有直接的實例，但全職與半職學生子類別可繼承（inheritance）學生類別的一切作業元與屬性。

2-3　訊息傳遞（Message Passing）

　　訊息是物件之間交互作用（interaction）的重要機制，這種交互作用形成應用系統，也就是說應用系統是由一群物件的交互作用所形成。訊息傳遞是物件之間訊息輸送的一種合作（collaboration）流程，我們用 client/server 模型來解釋這種流程，client 向 server 送出某種知識或執行某種作業的要求，server 則提供所要求的資訊或履行 client 的要求，這時 client 與 server 扮演物件合作的角色，這種交互作用合作加強所謂「資訊隱藏」（information hiding），因為 client 只送出要求，但並不知 server 如何去履行該項要求，它只顧 server 的反應是否適當，換言之 server 的責任就是反應適當即可，如此有助於系統的可保養度。

2-4 組合型態（Types of Composition）

組合型態是物件之間如何組合成模型或部分模型的符號，我們將在這一節介紹常用的型態，包括：關聯（association），聚合（aggregation），合成（composition），一般化關係（generalization relationship）等。

■ 關聯（association）：關聯是兩種類別關係的結構，其顯示一個類別（物件）要求另外一個類別（物件）提供服務，一個類別如有這種要求時，則輸送訊息給被要求提供服務的類別。關聯可以賦與名稱以說明該關聯的語意，兩種類別間的關聯通常表示該兩種類別的物件可以互送訊息，舉例如下圖表示「教師教許多學生」，關聯的語意即「教許多」。

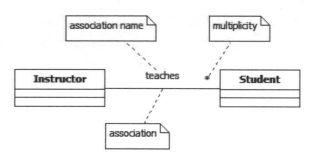

圖 2-3　關聯範例（UML 圖號）[10]

■ 聚合（aggregation）：聚合（UML 圖號 ◇—— ）是某複雜的物件（whole）由其他物件（parts）所組合而成，當 whole 物件消失後，parts 物件仍然存在。下圖表示 whole 物件由許多 parts 物件所組合成，當使用者輸送要求服務的訊息給 whole 物件，whole 物件會協調各 parts 物件，使用者不會接觸到各 parts 物件，這種機制稱為 whole-part 設計樣式（design pattern），是設計軟體很重要的一種結構。

---

10 有關 UML 圖號將在第 3 章詳述。

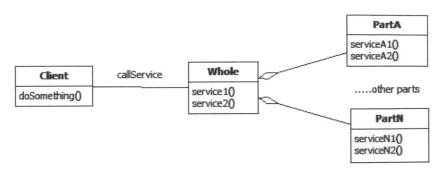

圖 2-4　Whole-Parts 關係

- 合成（composition）：合成是經強化的聚合（UML 符號 ◆——），其中，whole 如果消失，則 parts 也隨之消失，舉例如下圖。

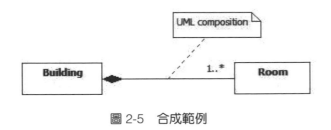

圖 2-5　合成範例

一間房屋有 1 或許多房間，房屋（building）如消失房間亦隨之消失，因此我們說合成有自己的責任來管理 parts，特別是創造（creation）與消除（deletion）。在執行期間，合成可以使用 parts 部分的行為（behavior）。

- 一般化關係（generalization relationships）：類別的階層（class hierarchies）是由許多具象類別繼承抽象類別的作業元與屬性所形成，這些屬性與作業元可以重新定義從抽象類別繼承下來的結構（屬性）與行為（作業元），也可以自己增設屬性與作業元，以下 UML 圖形 [11] 表示這種觀念。

---

11 UML 繼承圖形與其語意可參考第 3 章。

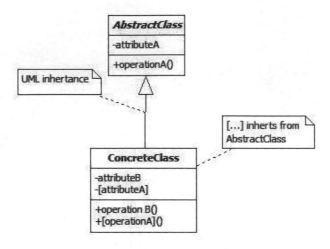

圖 2-6　類別階層（hierarchy）

■ 一般化與特殊化（generalization – specialization）：一般化是一般事物之間的關係，我們說「父類別」與許多特殊事物，即「子類別」間的關係，一般化有時叫做「is-a」或「is-a-kind-of」關係，下圖範例顯示這種關係。

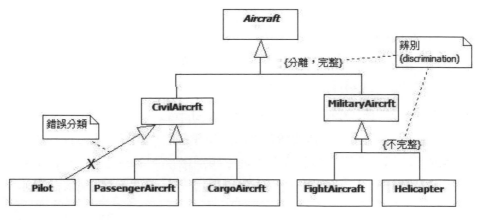

圖 2-7　一般化與特殊化

圖中，民航機與軍用機分開，而且假定飛機只有這兩種，以「{分離，完整}」UML 限制符號表示，至於軍機種類並不只戰鬥機與直昇機，故以「{不完整}」表示，這兩種限制稱為「辨別」（discrimination），飛行員並不屬於一種機種，故以「錯誤分類」註明。

- **可見度**（visibility）：可見度表示一種名稱可被其他事物看見或使用。物件的可見度分成：

  - 公開（public）：此類別的任何元素（elements）皆可存取。
  - 私有（private）：只有此類別的物件可以使用該類別的元素。
  - 保護（protected）：只有此類別的物件以及其具象類別可以使用該類別的元素。

  屬性與作業元可以指定其可見度是屬於私有（-）、保護（#）、或公開（+），依發展者決定。

- **介面**（interfaces）：介面有如抽象類別，只是提供物件的規格（非實作），這規格是集合類別或元件的公開作業元以指定其服務，一個系統可以有多數不同介面的類別。介面有兩種：物件或元件提供的介面（provided interfaces）以及需求介面（required interfaces），前者是由物件真實化，以圓圈（lollipop）表示；後者是物件要求一或多個介面時產生，以半圓圈表示，下圖表示「客戶關係管理」（Customer Relationship Management）系統簡圖。

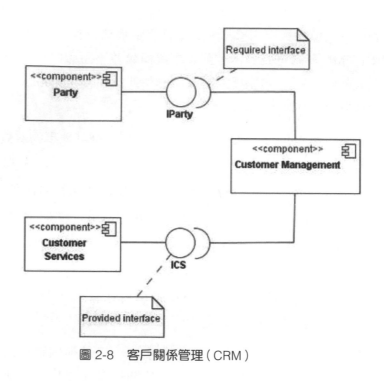

圖 2-8　客戶關係管理（CRM）

2-5　物件導向基本原理

物件導向包涵：抽象（abstraction），封裝（encapsulation），繼承（inheritance），多型（polymorphism），分類（classification），以及識別（identity）等元素，任何物件或語言缺少上述任何一項元素，就不能稱為物件導向（Booch）。我們詳細說明如下：

抽象（abstraction）

抽象是「刪除不相關的細節」之謂（ISO 10746-2），是克服複雜度的基本方法之一，譬如說，建模（modeling）就是抽象發展的方式，因此模型可能說明系統但不涉及實作，例如下述模型（UML 模型）表示：一個抽象類別

（abstract class）具有兩項抽象作業元－作業元 1（operation1()）與作業元 2
（operation2()），抽象類別並不實作這些作業元，而是由具象類別使用任何語
言或方法去實作，外界，如使用者，並不能去碰觸這些具象實作的情形，也
就是說，實作被隱藏起來，任何實作的變更並不影響其使用，我們用 UML 圖
形表示這種抽象的觀念，這個圖所顯示的語意（semantics）十分重要，我們
在往後的章節會時常應用。

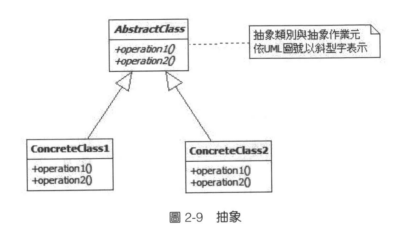

圖 2-9　抽象

封裝（encapsulation）

　　封裝是一種機制，用來隱藏物件的資料、內部結構、設計以及實作的細
節，所有物件間的交互作用是透過作業元的公開介面而為，封裝不但可以隱
藏資料，同時可以隱藏實作、具象類別、設計細節以及物件創造規則等，換
言之，可以做任何種類的隱藏（any kind of hiding），這種機制的優點是物件
的規格與其實作分開，對於客戶或使用者而言實作被隱藏，使用者所使用到
的只是物件的規格，因此任何實作的改變並不影響使用者使用該物件，這種
機制對軟體的設計十分重要，我們用下述 UML 圖形範例來說明。

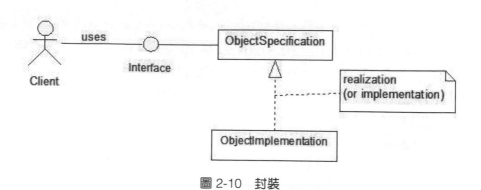

圖 2-10　封裝

繼承（inheritance）

　　繼承是一種機制，其多數特殊元素（類別）結合其結構與行為由多數一般化來定義（James Rumbaugh）。設二類別 C1 與 C2 有許多類似但也有不同之處，將二類別類似之處抽出設立一類別 B，由二類別實作其功能而構成父類別（superclass）與子類別（subclass）的關係，因此 C1 與 C2 就繼承自 B 中二類別的共同處，這時 B 有時稱為基礎類別（baseclass），C1 與 C2 有時稱為引導類別（derived class）。我們用 UML 圖示表示這種關係，其中 [ ] 內所標示的屬性與作業元繼承自（inherit from）基礎類別，這是繼承的概念，事實上，引導類別可以有多個，而引導類別的屬性與作業元也可以繼承自多種基礎類別，稱為多重繼承（multiple inheritance），下圖表示單一繼承（single inheritance），有些程式語言如 Java 並不支援多重繼承機制。

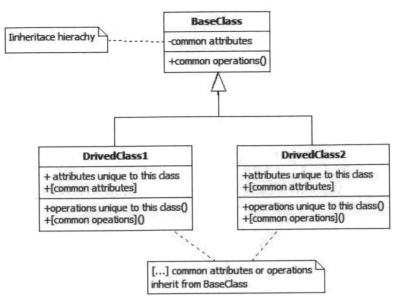

圖 2-11　繼承基本概念

繼承描寫「一般化與特殊化」（generalization and specialization 簡稱 gen-spec）的關係，這種關係可以說是「一種」（is-a 或 is-a-kind-of）的關係。例如，我們可以說「教授與學生是一種大學成員」，父類別（大學成員）的所有元素，如屬性與作業元，子類別（學生與教授）皆可繼承，而且繼承的元素皆可修改或增減，下圖表示這種說法。

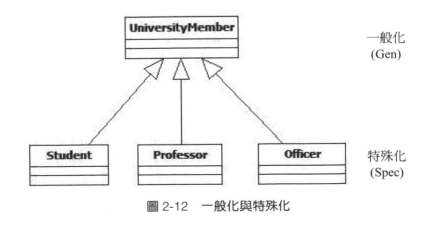

圖 2-12　一般化與特殊化

多型（polymorphism, many forms 之意）

相同的方法（method）或作業元名稱可以服務不同的物件，這些服務可以做不同的工作，而產生相同的結果。如果繼承不具有多型，如此繼承就不太有用。例如文件（document）是一種箱子（container），它可以裝文字、圖形、spreadsheet 或其他，我們使用共同的作業元「存」（save）在不同的子類別執行，每一個子類別提供自己的「存」作業元，產生同樣的結果，即存文字或圖形等，以下 UML 圖形顯示這種機制。

📑 範例 1：文件

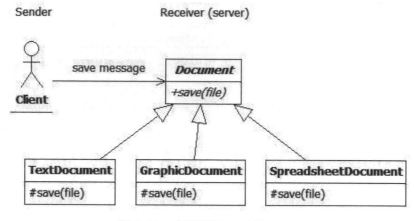

圖 2-13　多型範例 1- 文件

📑 範例 2：帳戶

銀行擁有多種帳戶（account）物件，諸如支票帳戶、存款帳戶等，這些帳戶都須計算利息，不同的帳戶利息的算法不同，個別的具象類別依個別不同的實作，但都使用相同的利息計算名稱「計算利息」（calculate interest），這種以共同的方式使用多型稱為：「我自己做它」（Do It Myself）樣式（Peter Coad97），也就是說，每一項具象類別自己計算利息，與其他具象類別無關，這樣可以在實作時省下不少工作，我們用以下 UML 圖形表示這種多型機制。

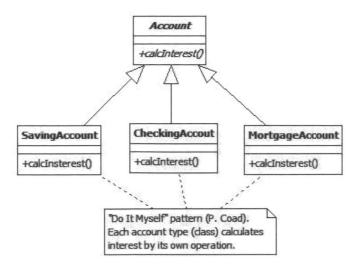

圖 2-14　多型範例 2- 帳戶

分類（**classification**）

　　分類是一種機制用來管理世上複雜的物件，當一個物件被分類後，它就成為特殊型態（類別）的實例（instance），例如，當 Huang 被一間大學僱用，他就被分類成這間大學的僱員，這是傳統的分類法。分類無所謂對錯，只適用於某應用系統，例如汽車的顏色可能對買賣汽車很重要，但對交通號誌並無關聯。Rebecca Wirfs-Brock 與 Alan McKean [WBM03] 將物件依「責任」（responsibilities）類別分類為 6 種角色如下：

- 資訊保持者（information holder）：知道或提供資訊，也就是說保持事實，例如，郵件地址，帳號，交易記錄等。
- 結構者（structurer）：保養物件間的關聯以及與這些關聯相關的資訊，例如，檔案系統的 folder。
- 服務提供者（service provider）：執行工作，一般來說提供運算服務，例如，信用授權。

- 協調者（coordinator）：委託工作，例如，交通號誌燈，文字處理器的字體管理。

- 管制者（controller）：決定並指揮它物的行動，例如，交通指揮員。

- 介面者（interfacer）：支持系統內外過各部門的通訊，例如，ATM 的金錢出口。

確定物件屬於何種角色，有助於物件間的合作關係，這種合作構成軟體系統。

識別（identity）

識別是物件與生俱來的特性，其用來與其他物件區別，一個物件有它獨特的識別。

練習題

1. 物件的介面有何目的？

2. 何謂類別的實例（instance）？

3. 抽象類別做何用？

4. 一個物件是否能包含其他的物件？

5. 假設教室內有研究生與資深學生選聽「物件導向軟體工程」的課程，下課後學生分別轉到別的教室選聽別的課程，教師只向學生說：「去下一間教室」，這時不同的學生有不同的行動，試問這些行動為何？

6. 發展軟體時會受需求改變的影響，這種情況是軟體工程尖銳的重要問題，封裝可以幫助減少這種影響，原因為何？

MEMO

3

CHAPTER

物件導向符號

摘要

一組好的符號，可以減輕大腦不必要的工作，使之專注於更重要的問題，以增進心智競爭力 [Whitehead95]。本章簡介 UML 的符號，讀者可選讀其他 UML 書本，如 [Fowler03]，以深入了解其正規定義。

3-1 UML 簡介

統合建模語言（Unified Modeling Language，簡稱 UML）是一種通用的、視覺化的系統建模語言。使用這種語言建模，不需要限定遵循那一種軟體開發方法論，或者是配合那一種軟體發展生命週期。不同的系統開發流程，都可以使用這種語言來建造模型。

物件管理團體（Object Management Group，簡稱 OMG）在 1997 年將 UML 訂為開放物件導向視覺化建模語言之工業標準。圖 3-1 表示一個系統可以使用各種模型來描述。

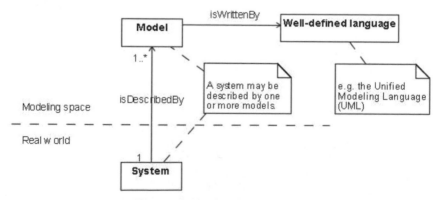

圖 3-1　軟體系統與模型關聯性

雖然 UML 模型可以用來表達軟體系統，但無法只使用其中一種圖形，就足以表達複雜系統中的所有細節。因此 UML 提供不同的圖形，從各個不同角度描述軟體系統。如圖 1-5 所示，真實世界中複雜的軟體系統，可以使用多個不同的模型描述其各種特性，而模型則以定義良好的語言（well-defined language）撰寫而成，UML 就是一種定義良好的建模語言。

3-2 物件導向模型符號

UML 提供圖形化符號表達物件導向模型，依此對物件導向系統建模。UML 圖形主要分成三種：

- 結構化圖形（Structure Diagrams）：用來表達系統靜態架構，所謂靜態架構意指與時間無關的部分，相對於系統的動態行為，結構化圖形包括類別圖（class diagram）、物件圖（object diagram）、套件圖（package）、元件圖（component diagram）、部署圖（deployment diagram）、以及元件結構圖（composite structure diagram）。

- 行為圖（Behavior Diagrams）：描述系統動態行為，包含使用案例圖（use case diagram）、活動圖（activity diagram），以及狀態機圖（state machine diagram）。

- 互動圖（Interaction Diagrams）：描述物件的活動與互動關係，包括循序圖（sequence diagram）、溝通圖（communication diagram）、互動概觀圖（interaction overview diagram）、時序圖（timing diagram）。

3-3 UML 圖形的運用

使用 UML 可以建構軟體系統模型的細部規格，但不意味著在建模過程的所有時間，需要使用每一種圖形。實務上，適當的運用 UML 部分圖形或符號組合，即可有效的表達系統分析與設計所要表達的意義。本章我們將著重於這些重要的符號的說明，並將 UML 圖形分成以下幾類：

- 使用案例模型（Use Case Model）：包含使用案例圖、使用案例規格（specification）、和使用案例實踐（realization）。
- 結構模型（Structure Model）：包含類別圖、物件圖、套件圖、元件圖、和註解（Notes）。
- 動態行為模型（Dynamic Behavior Model）：包含循序圖、溝通圖、狀態機圖、活動圖、互動概觀圖、以及時序圖。

3-4 使用案例模型（Use Case Model）

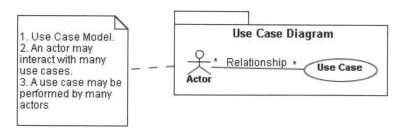

圖 3-2　軟體系統與模型關聯性

使用案例模型是一種描述系統功能需求的模型，其元素包含使用案例（use cases）、參與者（actors）以及他們之間的關係，如圖 3-2 所示。使用案例描述系統使用的方式，亦即一系列的動作，這些動作是系統針對外在環境或參與者，所輸入資料的回應。

使用案例的功用有：

- 系統分析師藉此取得系統需求。
- 方便系統開發者與客戶溝通。
- 將複雜系統建構成易於管理的模型。
- 提供測試工程師測試系統。

■ 使用案例實例（Instance）是使用案例之特定的使用方式，其使用流程描述稱為「使用案例劇本（scenario）」。一個使用案例可能有許多執行路徑或劇本流程，每一個使用案例實例是其中一種執行路徑。使用案例之間並不會互相溝通，其原因為：

- 使用案例實例建構一連串事件組成的模型，這些事件是發生在一個特定時間中；因為各組事件是個別發生在其特定的時空中，這些事件不會互相溝通。
- 一個使用案例表達一種複雜的系統使用類型，假如使用案例能夠互相溝通，如此一來，任一個使用案例都不足以描述一個完整的系統使用方式。

■ 參與者（actors）是系統的外部實體（entity），透過訊息溝通直接與系統互動，也可視為系統的環境，包括另一個系統、外部子系統、或外部的一個類別。參與者的角色包括：系統直接的使用者、系統管理維護人員、外部硬體、或與系統互動的其他系統。

使用案例圖（Use Case Diagrams）的功用有：

- 建構系統環境圖模型。
- 建構系統需求模型。
- 提供專案利害關係者（stakeholder）和開發者溝通工具。
- 從專案利害關係者或使用者的角度發展系統，而非開發者的角度。

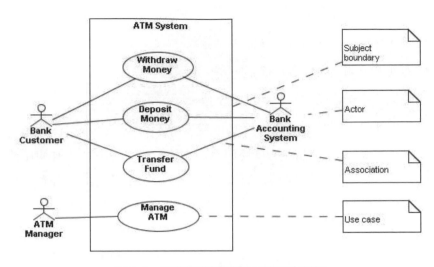

圖 3-3　自動提款機系統之使用案例圖

　　圖 3-3 為自動提款機系統之使用案例圖，其中參與者以小人符號代表，
Bank Customer、ATM Manager 是系統使用者，參與者 Bank Accounting System
則是另一個外部系統。參與者命名原則通常以名詞為主。橢圓形符號代表使用
案例，包括 Withdraw Money、Deposit Money、Transfer Money、Manage ATM，
使用案例命名原則是以動詞開頭。為了清楚分開主體系統（subject）和外部參
與者，必須有一個方框表達主體系統的範圍（subject boundary）。

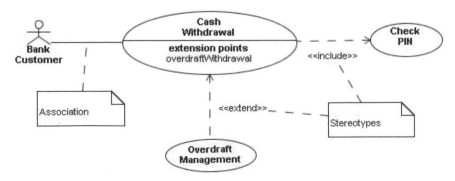

圖 3-4　使用案例之間的結合、擴充與包含關係

使用案例圖關係有四種：

- **結合關聯（association）**：使用案例與參與者有互動關係，以直線表示，如圖 3-4，參與者「銀行客戶（Bank Customer）」和使用案例「現金提款（Cash Withdraw）」之間有互動關係。

- **擴充（extend）**：一個使用案例針對另一個使用案例，在其使用流程的一個擴充點（extension points）擴展出來，使用的符號是 <<extend>>，例如圖 3-4，「現金提款」是一個主要的使用案例，描述主要成功使用流程，之後可能增加其他例外、或者較少使用的流程，例如「提款金額超過帳戶餘額管理（Overdraft Management）」的使用情境時，則以「擴充」方式加入系統需求。其中 <<>> 為型別（stereotype）符號，表示與之前定義的模型元素形狀相同，但是意義不同 [Rumbaugh99]。

- **包含（include）**：一個使用案例常常會在另一個使用案例中出現，使用的符號是 <<include>>，例如圖 3-4，每次「現金提款」都需要「驗證密碼（check PIN）」，因此「現金提款」包含「驗證密碼」。

- **一般性（generalization）**：一般性的方向若為使用案例 A 到使用案例 B，意味著 A 是 B 的一般化。例如圖 3-5 所示，「財務轉換（Monetary Transfer）」為抽象的使用案例，是「提款（Withdraw Money）」、「存款（Deposit Money）」、「轉帳（Transfer Fund）」三個使用案例的一般化。

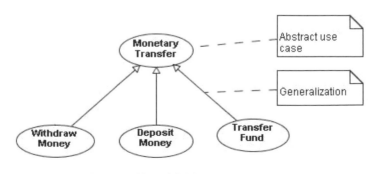

圖 3-5　使用案例之間的一般性關係

使用案例規格（Case Specification）

使用案例規格描述系統內部發生的事情，但是卻不會顯示系統內部的結構。以下是一個簡單的使用案例規格的範例[12]。

使用案例名稱：Withdraw Money use case

參與者（簡要描述跟這個使用案例互動的參與者）：

　　Bank Customer，銀行開戶的客戶

摘要（以簡要句子描述使用案例的目的）：

　　要提款的銀行客戶，啟動這個使用案例。

前置條件（precondition）（在使用案例啟動之前必須要滿足的條件）：

　　銀行客戶的 PIN 是合法的。.

主要事件流程（描述使用案例的動作順序，可稱為主要劇本、或快樂日劇本[13]）：

(1) 銀行客戶將金融卡插入 ATM。

(2) 系統讀取金融卡資訊，如果金融卡是合法的，系統要求客戶輸入 PIN 碼。

(3) 如果 PIN 碼正確，系統要求客戶輸入要提款的金額。

---

12 事實上，並沒有標準的使用案例規格，讀者可參考 [Schneider01] 書中 Appendix B 的文件範本。

13 劇本是使用案例的特殊實例。這個範例只處理簡單的案例，讀者可以嘗試寫自己設計的劇本。

(4) 當提款金額被輸入，系統驗證提款金額是否合法。

(5) 系統退出卡片，吐出現金，列印收據。

(6) 使用案例結束。

其他事件流程（擷取錯誤、中斷或主要流程的分支，可稱為擴充或第二個劇本）：

(1a) 若金融卡是不合法的，卡片被退出並出現訊息："Invalid card"。

(2a) 若 PIN 碼不正確，系統顯示錯誤訊息。

(4a) 當餘額太低不允許提款，或者提款金額超過餘額，則不允許客戶提款動作。

後置條件（postcondition）（不管是執行那一個劇本，當此使用案例結束後必須滿足的條件）：儲存使用案例提款資訊。

特殊需求（影響使用案例的非功能需求）

● 若銀行不接受提款，系統需要在 3 秒內顯示訊息資訊。

● 機器在一年內失效不得超過一次。

使用案例實現

要表達使用案例的實現，可以透過一組參與者（類別、界面和其他元素）和他們之間的關係之互相合作，以達成使用案例的目的。以下以圖 3-6 提款為例說明，參與者包括櫃員機（Cashier）介面、吐鈔機（Dispenser）介面、提款（Withdrawal）控制器、帳戶（Account）實體等實例。

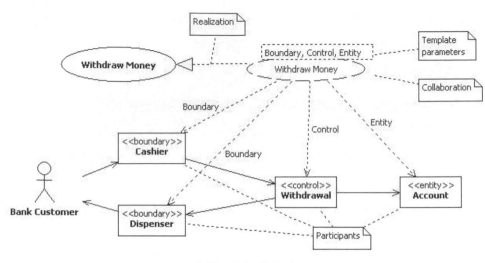

圖 3-6　提款使用案例實現（realization）

3-5　結構化模型（Structure Model）

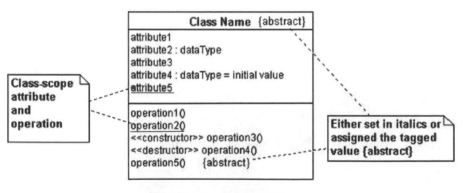

圖 3-7　類別圖樣式

類別圖（**Class Diagram**）

　　類別圖是系統靜態結構的圖形化表達，如圖 3-7，其元素包括類別
（class）、介面（interface）以及他們之間的合作等關係。類別特徵是所有
類別的物件所共有的特徵。抽象類別一般使用斜體字表示，也可以使用關
鍵字（abstract）表示。類別元素之間的合作關係有關聯（association）、一
般化（generalization）、聚合（aggregation）、依賴（dependency）以及實現
（realization）關係。圖 3-8 是使用類別圖表達一個簡化的大學組織的靜態結
構的範例。

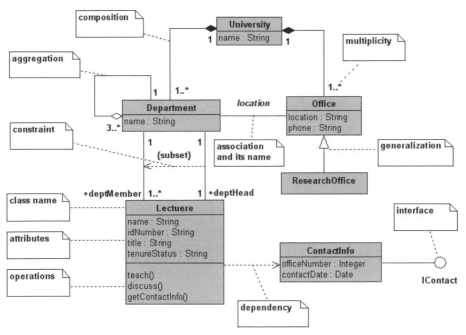

圖 3-8　一個簡化的大學組織結構

　　大學組織中有大學（University）、系所部門（Department）、辦公
室（Office）、研究辦公室（Research Office）、教師（Lecture）、聯絡訊
息（CantactInfo）等類別。大學由系所部門與辦公室組成，兩者是合成
（composition）關係。系所部門裡面含有系所部門，例如一個學系是由許多
系所組成，這是一種聚合（aggregation）關係。研究辦公室是一種辦公室，

兩者是一般化（generalization）關係。系所的辦公地點資訊是辦公室，兩者是關聯關係。系所部門會有授課，授課資訊包括課程名稱、課程編號、標題、開課狀態等。授課和開課資訊的關係則是依賴關係。類別之間還有物件的數量關係（multiplicity），例如一個大學有一到多個辦公室，以 1..* 表示，每一個學院有至少三個系所以上，以 3..* 表示。

介面（Interface）

　　介面是一個類別、元件（component）或套件（package），可以提供公開（public）的服務，這個類別可提供可視化（visible）的操作（operation），介面設計的指導原則是：將系統提供的服務以及如何實作這個服務分開設計，如此可以增加系統的耦合性（coupling）。抽象類別（abstract class）或介面類別（interface class）描述提供何種服務介面，具象類別（concrete class）描述如何實作這些服務。如圖 3-9 所示，TaxCalcuator 是界面類別，描述提供稅率計算的服務介面，IncomTax 和 GoodsTax 是兩種具象類別，分別描述收入的稅率和商品稅率的計算實作，這是一種多型（polymorism）的設計。

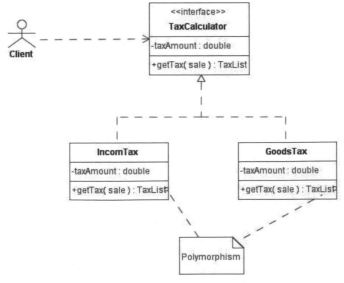

圖 3-9　介面類別與實例類別

介面類別可以使用圓形和半圓形符號表示，例如圖 3-10 所示，左邊是介面類別 Print 和實現此介面類別的具體類別 PrintBanner。右邊是介面類別 Print 的簡化表示符號，以圓形表示，其名稱為在原名稱前面加上 I，變成 IPrint。下面半圓形表示 PrintBanner 需要的服務介面。

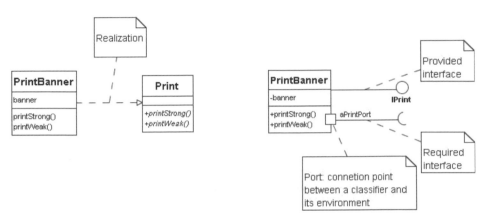

圖 3-10　介面類別表示

註解（notes）

註解是對 UML 一張圖或圖中之任何元素的說明，例如限制（constraint），而不會影響其語意。例如圖 3-11 所示，註解符號中的文字，說明「根據教育部規定，大學教師和學生的比例，不能少於 1:20」。

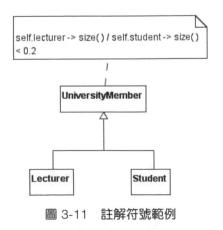

圖 3-11　註解符號範例

物件圖（Object Diagram）

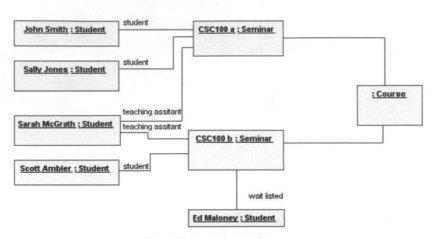

圖 3-12　物件圖範例（摘錄自 [Ambler04]）

　　物件圖表達在一個特定的時間點，物件屬性值以及他們之間的關聯。如圖 3-12 所示，包括六個學生（Student）物件、兩門專題討論（Seminar）課程、以及一個課程（Course）物件。物件均以矩形表示，裡面標示物件名稱與類別名稱，中間以冒號隔開，並以底線標註。冒號前面物件名稱可以省略，此為未命名物件，如圖中課程物件。

套件圖（Package Diagram）

　　套件（package）是組織模型元素成為一個群組的一般性機制，元素包括東西（thing）、關係（relationships）、圖（diagrams）和其他套件。套件圖可以顯示模型元素和他們之間相依性的群組關係。套件可以使用型別（stereotyp）說明一個子系統、架構（framework）或者其他元件。例如圖 3-13 所示，表達四個套件包括兩個系統、一個應用程式（application），以及一個資料庫。註冊這個應用程式引用兩個子系統－大學系所和人事子系統，兩個子系統共用一個資料庫。套件之間的關係符號通常使用相依關係（dependency relationship）。

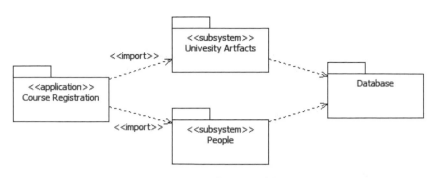

圖 3-13　套件圖範例

　　圖 3-14 以套件圖表示一個訂單處理系統的領域關係。訂單處理系統中共有七個套件，其中信用卡處理套件呼叫外部信用卡授權服務模組，訂單處理套件需要存取資料庫管理系統，網頁介面（web GUI）將呼叫實作套件 - 客戶端的 HTML 或者伺服器端的網頁伺服器套件。

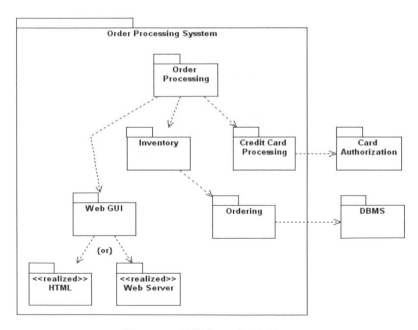

圖 3-14　訂單處理系統領域圖

合成結構圖（Composite Structure Diagram）

合成結構圖如同一個合作圖的實例，其目的是：

■ 說明分類器（classifier），例如類別、使用案例，內部的結構。

■ 探索一群合作的物件如何達成一個特定的工作。

■ 描述一個設計、架構樣式（architectural pattern）、或是策略（strategy）。

合成結構圖有兩種基本形式：

■ 合作形態（collaboration style），如圖 3-15 表示一個 CRUD 使用案例的分析模型，主角為資訊使用者（Information User），透過兩個介面 - 系統表格（System Form）和資訊表格（Information Form）以及使用控制器（Information Handler），以存取資料實體（Information）。

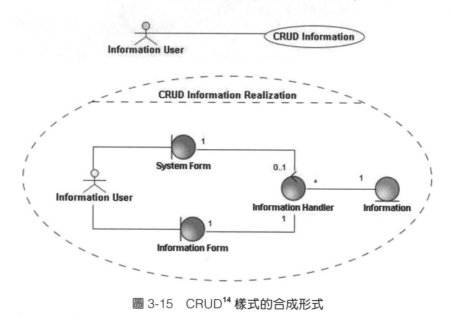

圖 3-15　CRUD[14] 樣式的合成形式

---

14 CRUD = (create, read, update, delete)，軟體系統中資料庫的基本功能，可以使用一個使用案例，或各別使用案例表示擷取資料。

■ 詳細形態（detailed style），如圖 3-16 描述訂單處理系統，包括客戶
（Customer）、付款（Payment）、銷售訂單（SalesOrder）、以及訂單細項
（OrderLine）等類別以及他們之間的關係。

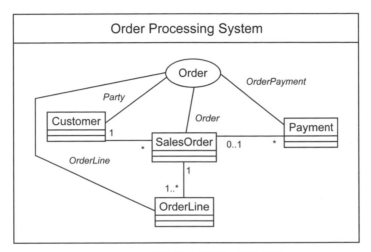

圖 3-16　訂單處理系統的詳細形態

3-6　動態行為模型（Dynamic Behavior Model）

　　所有系統均可使用靜態結構模型與動態行為模型描述，靜態結構模型如
類別圖、物件圖等，動態行為模型如互動圖（interaction diagram）和行為
圖。互動圖包括循序圖、溝通圖、和互動概觀圖、時序圖。行為圖包括狀態
機圖、和活動圖。

■ 循序圖（sequence diagram）描述物件如何互相溝通與互動，著重於時間
順序。

■ 溝通圖（communication diagram）描述物件如何互動，著重於空間關係。

- 狀態機圖（state machine diagram）描述一個物件在其生命周期中經歷哪些狀態，以及狀態中的行為描述。

- 活動圖（activity diagram）以活動來描述物件執行的工作。

- 互動概觀圖（interaction overview diagram）是一種特別形式的活動圖，描述物件（interaction occurrence）的互動。

- 時序圖（timing diagram）描述分類器實體或角色，經過一段時間，對於外部事件，其狀態或條件的變化。

循序圖（Sequence Diagram）

循序圖依時間先後（chronological）順序描述物件的互動，透過訊息傳遞呼叫另一個物件的功能，注意其參與的角色是物件而非類別。

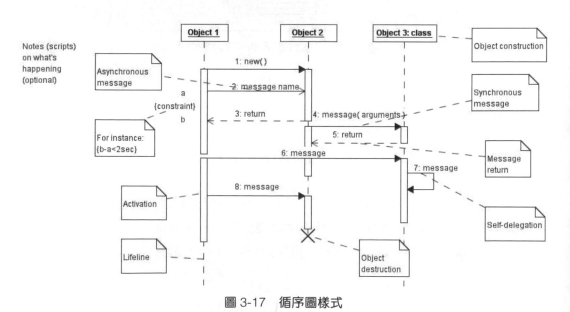

圖 3-17　循序圖樣式

如圖 3-17 為循序圖的符號範例，參與此功能流程的物件有三個，名稱為物件名稱與類別名稱組成，中間以冒號連接，物件名稱或類別名稱可擇一省略。循序圖的特性為：

- 物件生命線（lifeline），表達一個物件存在於一段時間，亦即物件在互動期間會被創造出來或毀滅，如圖 3-17 中每一個物件下面均有一條虛線表示生命線，而物件 2 最下面有一打叉符號為該物件毀滅標誌。

- 強調控制（focus of control），表示目前活動的物件，亦即物件的啟動（activation）。如圖 3-17 中每一個物件下面均有數個長條矩形。通常一個物件傳送訊息給另一個物件，或是呼叫另一個物件的功能，會讓另一個物件啟動，例如圖 3-17 中物件 2 送一個編號 4 的訊息給物件 3，使得物件 3 啟動，等到物件 3 執行該功能結束後，啟動矩形標誌結束而返回物件 2。

- 訊息傳遞是循序圖中物件互動的方式，其時間順序依著生命線由上到下給予數字編號，如同功能呼叫一般，三角形實心箭頭為同步呼叫，例如圖中的編號 1, 4, 6, 7, 8；細線箭頭為非同步呼叫，如圖中編號 2；虛線細線箭頭為呼叫功能執行後之回傳，可以省略。功能呼叫可以給予時間限制，如圖中物件 1 的 a 和 b 兩點，使用註解（note）和限制（constraint）機制，規範執行的時間必須少於兩秒。

循序圖的目的為：

- 將使用案例的功能對應到類別中。
- 協助決定甚麼類別需要被強化，甚麼類別可以被重複使用。

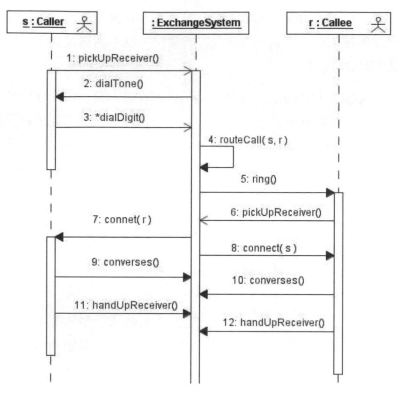

圖 3-18　電話撥打的循序圖（改編自 [Booch99]）

圖 3-18 是修改 [Booch99] 書中的例子，打電話的人與接電話的人，其互動的流程說明如下：

1. 打電話的人（Caller）拿起話筒（phone receiver）。

2. 打電話的人撥號連到交換機系統。

3. 交換機系統找到目的地的路徑。

4. 接電話的人（Callee）聽到鈴響時拿起電話。

5. 打電話的人的話筒和接電話的人的電話連接。

6. 兩邊的人開始交談。

7. 當交談結束，兩邊掛上電話。

溝通圖（**Communication Diagrams**）

溝通圖在 UML 1.4 以前稱為合作圖（Collaboration Diagram），主要表達參與系統中一組物件之間的互動狀況，著重於物件收發訊息間的結構組織，收發訊息越密切的物件，兩者之間在圖中的位置越靠近。溝通圖有以下兩個特點：

- 當軟體開發者比較著重於互動物件之間的互動緊密關係，而不是物件之間互動的時間性時，通常會使用溝通圖表達。

- 基本上，溝通圖和循序圖在意義上是相同的，可以完全的自動轉換。

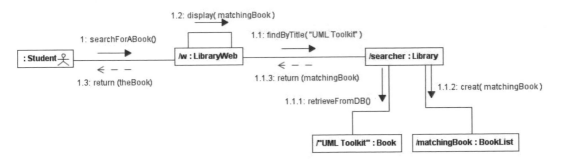

圖 3-19　溝通圖範例

圖 3-19 顯示一個溝通圖的例子，一個學生（Student）要搜尋大學圖書館（Library）的一本書（Book），書名稱為 "UML Toolkit"，在此強調實體物件之間互動的緊密關係。學生透過圖書館網頁請圖書館物件搜尋一本書，圖書館物件透過書單（BookList）物件和書物件搜尋到要找的那一本書。在圖上很容易看出學生和圖書館網頁關係比較密切，圖書館和書單、書關係比較密切。

狀態圖（State Machine Diagrams）

　　狀態圖利用結構化的有限狀態機，表達一個物件的生命週期中一系列的狀態變化、發生的事件與反應，如圖 3-20 所示，其元素包括：

- 狀態（State）：表示一個物件生命期間的一種情境，狀態內不可以有屬性（attribute）、進入說明（entry）、完成說明（exit）、在狀態中作的動作（do）。兩種特殊的狀態，初始狀態為一個黑點，結束狀態為一個圈圈裡面有黑點。

- 事件（event）：表示生命歷程中一個意外或者外部的刺激輸入，事件可以加上參數（argument）、以及發生的條件（condition）。

- 轉換（transition）：當物件接收到一個事件，根據轉換規則到達另一個新的狀態。

- 動作（action）：表示一個從一個狀態轉換到另一個狀態時，執行最小單元的運算，這種運算是不可被分割的。

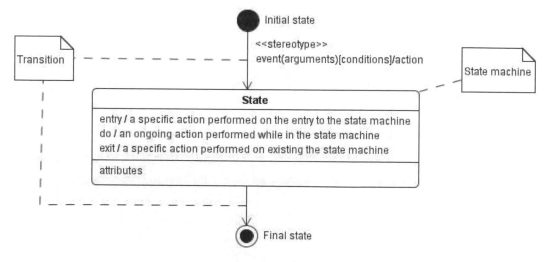

圖 3-20　狀態圖的基本結構

　　圖 3-21 表示類別 ServiceAgreement，每一個類別均可視為一個狀態機
（state machine），如圖 3-22 所示。類別圖中的作業元描述事件與作業的宣
告，狀態機則描述發生哪一個事件其類別的狀態會如何變化。

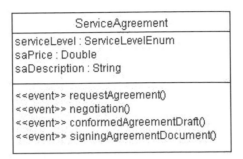

圖 3-21　範例 ServiceAgreement 類別

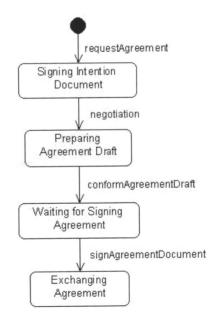

圖 3-22　ServiceAgreement 類別的狀態圖

活動圖（Activity Diagram）

　　活動圖是物件導向的流程圖或資料流程圖，將一個流程建模成一個活動，包含許多透過邊（edge）相連的節點（node）。活動圖的使用時機如下：

- 將使用案例以圖形化方式呈現。
- 表達使用案例之間的流程。
- 表達一個作業（operation）的細節。
- 表達一個演算法的細節。

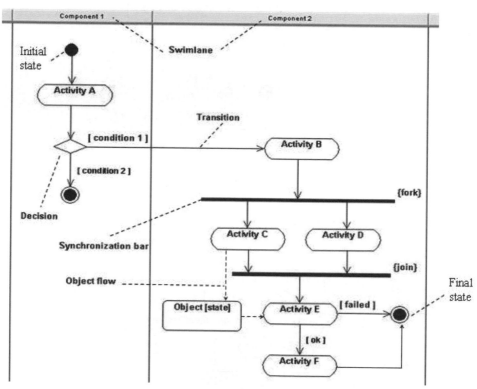

圖 3-23　基本活動圖的各種元素

活動圖包括許多元素,如圖 3-23 所示:

- **活動**(activity):可以是最簡單的操作運算,或者是一連串的操作運算的組合。

- **轉換**(transition):由一個活動轉移到下一個活動,以實線箭頭表示。虛線箭頭則為物件流,表示一個活動執行完成,產生資訊寫入物件的狀態中,例如圖中的活動 C 完成後產生資料進入物件的狀態中。

- **決策**(decision):條件判斷點,以菱形表示,例如圖中活動 A 執行完成,若條件一成立則轉換執行活動 B,若條件二成立則結束。

- **同步**(synchronization):兩個活動同時執行,例如活動 C 與活動 D 在同步桿之後同時執行。

- **參與**(join):一個活動等待另一個活動的到來。

- **分水道**(swimlanes):兩個元件分別執行其流程,如圖中兩個元件各有其活動流程,兩者之間的關連為:元件一執行完活動 A 之後,當條件一成立則執行元件二的活動 B。

- **初始狀態**(initial state):一個活動流程最開始的地方,符號為一個黑點。

- **最終狀態**(final state):一個活動流程的結束,符號為圓圈內有一個黑點。

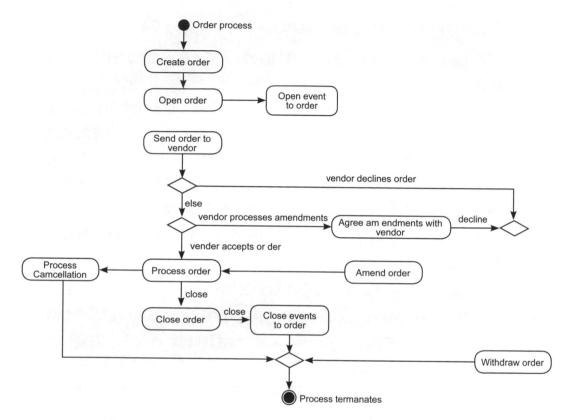

圖 3-24　使用活動圖表達訂單處理

如圖 3-24 為例，使用活動圖表達訂單處理的劇本：

1. 當訂單初始者造出一筆訂單，則此訂單處理流程開始。

2. 當一個開啟事件被授權，則開啟一筆訂單來處理。

3. 訂單被送到廠商處。

4. 如果廠商拒絕這筆訂單，則訂單初始者放棄這筆訂單。

5. 如果廠商提議修正訂單，訂單初始者必須同意廠商提出的修正，若廠商沒有任何修正，則開始處理訂單。

6. 如果訂單初始者不同意修正，則訂單初始者將放棄這筆訂單。若同意修

正，則訂單初始者將修正這筆訂單。

7. 如果訂單初始者放棄這筆訂單，則他將增加取消事件到這筆訂單，如此
處理程序中斷。

8. 訂單處理期間，訂單初始者可以取消這筆訂單，如此訂單程序中止。

9. 如果訂單沒有取消，則經過付款與送貨之後，訂單初始者結束這筆訂
單。訂單初始者增加結束事件在這筆訂單上，如此訂單結案。

10. 訂單程序中止。

互動概觀圖（**Interaction Overview Diagram**）

一個互動概觀圖是活動圖的變異，表達溝通圖之間的流程關係，其中的
架構（Frame）符號是 UML2.0 新增的文法，如圖 3-25，其意義為：

- 一商業流程的控制流程的概觀。
- 一個軟體流程詳細邏輯的概觀。
- 連接好幾個互動圖了解其中的關聯。

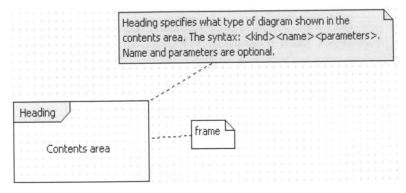

圖 3-25 UML2.0 的 Frame 符號

圖 3-26 是課程管理的互動概觀圖，一開始是登入流程（LogOn），如果
登入成功，可以開始選課流程（SelectCourse），接著可以進入加選課程流程

（AddCourse），或者退選課程流程（DeleteCourse），也可以查詢所選課程流程（FindCourse），最後結束整個選課系統。

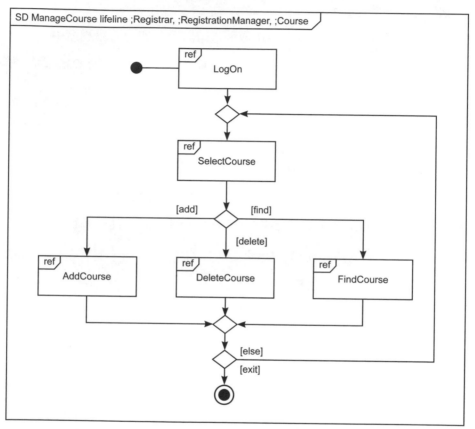

圖 3-26　課程管理的互動概觀圖

時序圖（Timing Diagram）

　　時序圖表達一個分類（classifier）的實例或角色，經過一段時間，因為外部條件使得其狀態發生變化 [Ambler04]。時序圖常用來建模即時（real-time）系統或嵌入式系統，表達系統物件經歷一段時間其狀態的變化。讀者如果需要進一步的資訊，可以參考 UML 時序圖 [Arlow04]。圖 3-27 描述學生在大

學裡上課的時序圖，首先註冊為學生，之後選課、一個學期的開始、期中考試、期末考試、最後學期結束。

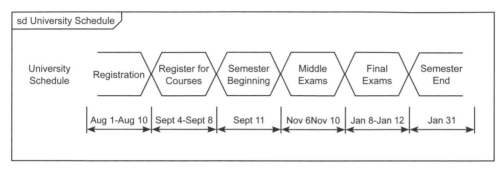

圖 3-27　大學課程學習的時序圖

3-7 實作建模（Implementation Modeling）

UML 實作模型包括元件圖（Component Diagram）和部署圖（Deployment Diagram）。

元件圖（Component Diagram）

元件圖表達元件之間的關聯性，而元件是系統模組化的部分，封裝其內部的實作細節，在設計上可以使用其他相同環境界面的元件替換[15]。類別和元件均可以用來建模相同的系統元素。

元件圖中的元件以所提供的服務介面（provided interface）和需要的服務介面（required interface）來定義其行為，如圖 3-28 所示，圓形代表所提供

---

15 Unified Modeling Language: Superstructure, version 2.0 (http://www.omg.org)。

的服務介面，半圓形代表需要的服務介面。另外正方型代表跟外界溝通的埠
（port），包括名字和型態。

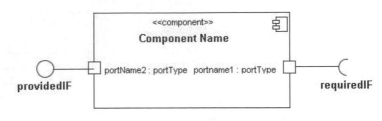

圖 3-28　元件圖的符號

　　圖 3-29 表示訂單管理系統的元件圖，其中有兩個元件分別為 GUI 子系統
和訂單子系統，訂單子系統提供訂單管理的介面，GUI 子系統則需要訂單管
理服務。

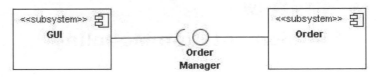

圖 3-29　訂單管理系統的元件圖

部署圖（Deployment Diagram）

　　部署圖顯示系統執行時處理節點（process node）的軟體元件之配置狀
況，包括網路的配置，同時也顯示系統靜態的部署觀點。一個處理節點可以
是一台終端裝圖 3-30 顯示訂單管理系統的靜態部署結構，左邊處理節點是客
戶筆記型電腦，裡面有客戶端的 Java Applet 模組；中間是網際網路伺服器，
裡面有訂單管理模組和資料庫管理模組；右邊是會計系統和倉儲系統。

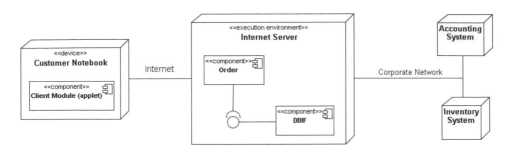

圖 3-30　靜態部署範例

　　圖 3-31 是自動提款機系統的部署圖，顯示此系統有兩台自動提款機，一台是中央大學 ATM，另一台是台灣大學 ATM，這兩台 ATM 內部執行 ATM 客戶端程式，且使用私有網路連接到區域 ATM 伺服器。區域 ATM 伺服器執行 ATM 伺服器端的城市，並連接一台印表機，且使用區域網路連接到銀行資料庫伺服器。銀行資料庫伺服器執行 Oracle 資料庫管理系統。

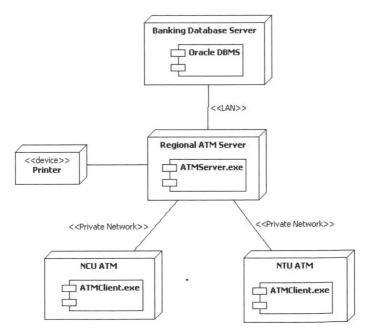

圖 3-31　ATM 自動提款機系統的部署圖範例

3-8 擴充機制（Extensibility Mechanism）

　　任何一種語言都有其表達能力的限制。UML 作為一種視覺的系統模型語言，為了滿足每一位系統分析設計師的需求，提供三種擴充機制來擴充表達意義的能力，包括限制（constraint）、標註值（tagged value）、與型別（stereotype）。

限制（Constraint）

　　限制允許設計者增加新的規則以擴充 UML 語意。限制的用法是限制屬性的範圍，或者操作方法可以接受值的範圍。設計者可以使用物件限制語言（Object Constraint Language, OCL）表達，或在大括號（{}）內以自由形式的文字表達。圖 3-32 表示 ATM 系統有許多限制的例子，例如 ATM 類別中限制每次提款金額必須大於 1000 元，但不得高於 50000 元。在個別客戶類別（IndividualCustomer）中，性別的值只能是男性或女性，妻子的性別是女性，丈夫的性別是男性。

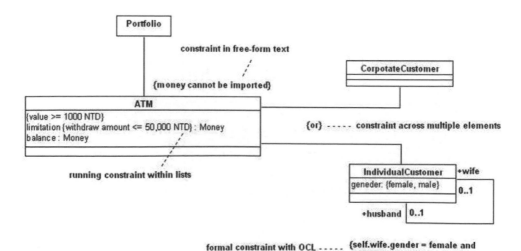

圖 3-32　ATM 自動提款機系統的限制範例

標註值（Tagged Value）

標註值透過加入自定的特性，例如值，於模型元素以擴充 UML 語意。標註值使用字串表示，其形式為「標註名稱＝值」，若值為布林值的真值則可省略。例如圖 3-33，標註值定義大學老師的年齡均小於 70 歲，而年齡的限制規範是今天減去生日。

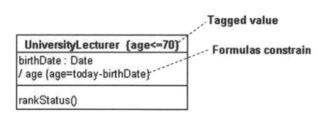

圖 3-33　大學老師類別的標註值範例

型別（Stereotype）

為了特別的目的，型別允許使用已經存在的模型元素，以表示不同的語意 [Rumbaugh99]。舉凡類別、元件、依賴、一般化、作業元、套件等模型元素均可使用。UML 另外定義一組標準的型別，使用者也可以自訂其他的型別。

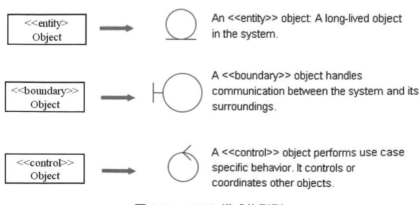

圖 3-34　MVC 樣式的型別

基於 MVC（Model-View-Controller）樣式 [16]，Jacobson 提供三種分析型別：<<boundary>>、<<control>>、和 <<entity>> [Jacobson97]，如圖 3-34 所示，右邊是三種分析型別的符號，左邊是統合使用類別符號加上型別標示。

3-9 UML 資料檔（Profile）

UML 資料檔是針對特殊目的擴充 UML 語彙的標準機制。根據 UML 超模型（metamodel），任何 UML 資料檔可以定義一個完整的新語言，其允許設計者為了特殊目的客製化 UML，因此設計者可以有效地利用它製作許多不同領域的模型。基本上它使用一組相關的型別、限制和標註值。

所謂的超模型（metamodel）是定義其他模型的模型。UML 超模型包含類別（class）、作業元（operation）和屬性（attribute）或結合關聯（association）。UML 資料檔定義為 UML 超模型的一種擴充。

3-10 物件限制語言（Object Constraint Language, OCL）

物件限制語言是一種正規語言，允許加入 UML 額外的語意而不會有副作用 [17]，OCL 提供的語意具有精確、正規的特性，可以避免模糊不清的描述，OCL 不是用來撰寫可執行程式碼或動作，使用 OCL 表達可以增加物件導向模型的必要系統資訊 [Warmer03]。

---

16 將在第 6 章「軟體發展樣式」詳細說明。

17 UML 2.0 OCL RfP, revision 1.6, OMG document ad2003-01-8

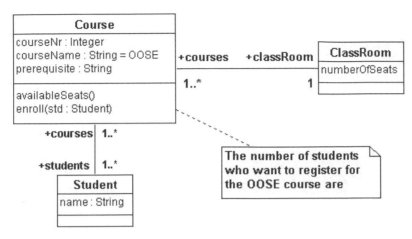

圖 3-35 未使用 OCL 的選課系統類別圖

　　圖 3-35 是沒有使用 OCL 的選課系統類別圖，其中學生類別的物件數量關係（1..*）並沒有限定多少個學生，如此模型不符合實際需求。精確的方法是使用 OCL 來規範此數量關係，如下：

```
context Course
inv: students - > size () ≦ classRoom.numberOfSeats
```

建構 OCL 模型（Building OCL Model）

🗄 選課系統的 OCL 規格

```
使用關鍵字 context 定義 OCL 表示式，限制學生數少於 50 人：
context c : OOSEClass
inv: numberOfStudents <= 50
初始化類別 ClassRoom 的屬性值 numberOfSeats：
context ClassRoom :: numberOfSeats : Integer
init: 50
查詢作業元的規範：
context ServiceAgreement :: getCustomerName () : String
body: partners.programs.customers.name
```

規範課程教室的座椅數：
```
context Course :: availableSeasts () : Integer
inv: classRoom.numberOfSeats - students -> size ()
```
規範選課的前置條件與後置條件：
```
context Course :: enroll (std : Student)
pre: std.name <> ' ' and prerequisite = 'Software Engineering'
post: students = students@pre -> including (std)
```

程式碼對應（Code Mapping）

```
          C1
-a1: int
#a2: int
a3: int
+a4: int
+a5: int
-m1(): void
#m2(int, int): int
+m3(): void
+m4(): void
```

其對應的 Java 程式碼如下：

```
class C1 {
    private int a1;
    protected int a2;
    int a3;
    public int a4;
    public static int a5;

    private void m1() {…}
    protected int m2(int a, int b) {…}
    public void m3() {…}
    abstract public void m4() {…}
}
```

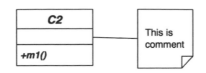

則相對應的程式碼如下。UML 以斜體來表示抽象的類別及方法。

```
//This is comment
abstract class C2 {
   public abstract void m1();
}
```

如上圖物件間的關聯用一條線連起來，並沒有特別的指定方向，則表示兩個物件彼此都可以看得到對方，彼此都有對方的一個參考。如下方程式：

```
class ClassRoom {
   Course course;
}
class Course {
   ClassRoom room;
}
```

反之，如果有明確的方向，表示一類別可以看得到另一類別，但另一類別無法看到對方。例如上圖 Student 有 Course 的參考，但 Course 沒有 Student 的參考。

```
class Student {
   Course course;
}
class Course {
}
```

有時候我們會在關係的端點寫上角色名稱，如上圖的 instructor 表示 Professor 在此關係上扮演著講師 instructor 的角色。這個角色名稱在程式中就是參考的變數名稱，如下：

```
class Professor {
}
class Course {
   Professor instructor;
}
```

如果關係端點上有特別指名的數量關係，則對應到程式碼通常可用陣列或是集合物件來表示，如下：

```
class Student {
   Course[] courses = new Course[10];
}
class Course {
}
```

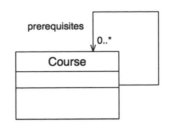

　　上圖是一個類別與自身類別有關係的一個實例，一個課程可能有很多的
先修課程，「很多」則表現在 Vector 這個集合物件上。

```
class Course {
    Course[] prerequisites = new Vector();
}
```

　　空心菱形的 aggregation 表示一種邏輯上的包含，包含者類別會有一個物
件參考，指向被包含者。

```
class Student {
    Vector course;
}
class Course {
    Student s;
}
```

　　如果是實心的包含，表示是較為強烈的包含，控制物件的生命週期。下方的程式中可以看到 course 的物件在一開始初始化的時候就被生成出來，表示其生命週期是相依於 Student 的。

```
class Student {
   Vector course = new Vector();
}
class Course {
   Student student;
}
```

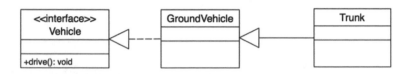

　　下方的程式碼表示 Java 中介面的宣告，介面的實作與類別的繼承關係中如何表達。

```
interface Vehicle {
   public void drive();
}
class GroundVehicle implements Vehicle {
   public void drive() { ...
   }
}
class Trunk extends GroundVehicle {
}
```

練習題

1. 從物件導向軟體工程的觀點來看，模型是由定義良好（well-defined）的語言來描述系統或部分系統，UML 是定義良好的建模語言，為何 UML 適合用來描繪系統？

2. 使用 UML 模型來轉換程式，其轉換機制為何？

3. 為何要建造使用案例模型（use case model）？使用案例是否可以用來涵蓋可執行的系統？

4. 在使用案例中，為何參與者（actor）不能相互連結？

5. 使用案例圖中的使用案例相互間不得連結，原因為何？

6. 在一小型的圖書館中的參與者包括：借書人（borrower），查驗人員（checkout clerk），圖書館員（librarian），與結帳系統（account system），試繪製一使用案例圖表示該圖書館系統。

7. 在第 6 題中，查驗人員實行使用案例為「查驗一本書籍給借書人」（checkout a copy of book for a borrower），試以詳細的情節（scenario）描述該使用案例。

8. UML 是否允許與各種程式語言耦合（coupling）？

9. 類別圖在敘述何種意義？

10. 依序圖（sequence diagram）的目的為何？

11. 為何需要 OCL？舉例之。

12. 在一般化（generalization）機制中父類別（superclass）與子類別（subclass）有何不同特性？

13. 為何需要擴充機制（extensibility mechanism）中的型別（stereotype）？

14. 何謂介面？

15. "is-a" 關係與 "has-a" 關係的區別為何？

16. 循序圖與溝通圖（communication diagram）有何區別？

17. 模型是用來簡化描述真實事物，但顯示模型的圖形卻有一些局限，而無法完全描述真實事物的規格，試問如何解決這種問題？

18. 當物件之間相互溝通時，最好是說：「送一項訊息」比「要求一作業元」為佳，原因為何？

19.「一間大學包含有許多成員並提供許多課程，講師與學生皆屬大學的成員，教育部規定學生與教師人數的比例最多為 20:1，一門課程有許多學生選修，但每位學生限制只能選修 1 到 4 門課程。」試繪製一類別圖表示上述陳述。

4

CHAPTER

統合軟體
發展流程

發展軟體系統可以從 3 方面的觀點（views 或 perspectives）來看 [Fowler03]：

- 概念層次（conceptual level）或領域層次（domain level）：這個層次代表系統的領域，產生概念模型（conceptual model）以描述系統領域的物件，發展者可以借用 UML 的類別圖建構概念模型，但非代表真正的系統結構，也就是說並非代表所要發展的軟體。概念模型涵蓋概念物件及其關聯與屬性，但不定義作業元（operations）。

- 規格層次（specification level）：在這個層次，我們看到的是軟體介面，也就是型態（type）而非類別，介面涵蓋一群方法（methods）或作業元（operations），但非實作，介面與實作有相當大的區別，不過物件導向語言將兩者混合。

- 實作層次（implementation level）：從規格層次，我們獲得提供實作的真正類別，這個層次可能是最常使用的層次，因此實作說明程式與相關的資料。

這 3 種不同層次可以幫助瞭解抽象類別（abstract classes）與具象類別（concrete classes）的關係，抽象類別定義如何解決問題的概念，其規格則顯示由抽象規格所引導的引導類別（derived class），圖 4-1 表示這種觀念。

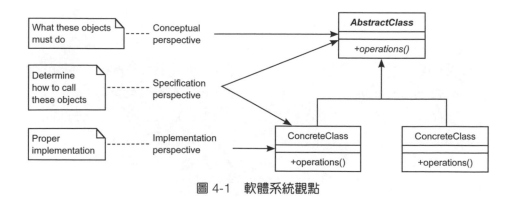

圖 4-1　軟體系統觀點

　　所有軟體發展的流程同時依照兩種流程：管理流程（management processes）與發展流程（development processes），前者處理工作時程、費用預測、資源安排以及專案進度監管，後者建製由需求至部署的各種產品，包括軟體系統。

 ## 統合軟體發展流程簡介

　　本章將敘述基於「統合軟體發展流程」（Unified Software Development Process，簡稱 UP）的軟體發展流程。UP 是由 Jacobson，Booch，Rumbaugh 以及其他專家所創立 [Jacobson99]，UP 是設計成專案管理的框架（framework），該框架可以「客製化」以適合特殊的專案生命週期，因為在軟體發展中不可能有「一種大小適合所有」（one size fits all）的情況，我們因此將應用 UP 的客製化流程來發展一範例，圖 4-2 顯示這種概念。

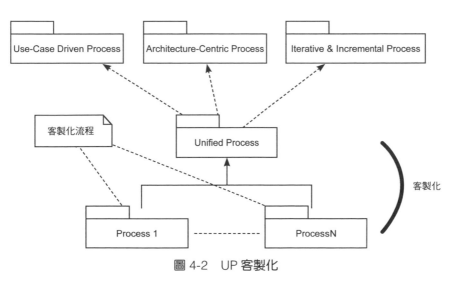

圖 4-2　UP 客製化

　　圖中顯示，UP 是「使用案例驅動」（use-case driven），也就是說以使用案例為引導發展流程，在軟體中，結構說明各種不同的觀點，但受軟體執行的平台的影響，諸如作業系統，資料庫，或網路協定等，要使用何種結構可以參考「結構樣式」（architectural patterns）[18]，至於「反覆與漸增」（iterative and incremental）中的反覆如果控制良好將可減低費用風險，發展軟體系統可以將發展工作分成迷你專案（mini-project），每一迷你專案等於一次反覆，結果產生漸增的效果。上述觀念包括使用案例驅動、結構中心、與反覆與漸增等流程都同等重要，去掉這 3 種關鍵觀念的任何一種，將減低 UP 的價值。

　　至於客製化流程可來自於下列因素：

- 組織內已存在的標準。
- 應用系統的型態。
- 客戶的需求。
- 交付系統的作業生命週期。

　　這些因素只是原則，要應用 UP 的任何發展步驟或流程並無特殊規則，端視發展者的經驗與設計需要。

UP 的結構

　　圖 4-3 顯示 UP 的結構：上半部表示 UP 軟體發展的時間維度（time dimension），包括：初始階段（inception phase）、詳述階段（elaboration phase）、建構階段（construction phase）以及轉換階段（transition phase），下半部表示每次反覆的規程（disciplines），每次反覆可視為一種「迷你專案」（mini-project），規程包括：業務建模（business modeling）、需求（requirements）、分析與設計（analysis & design）、實作（implementation）、

---

18 參考第 6 章「軟體發展樣式」。

測試（test）、與部署（deployment），在整個規程中涵蓋專案管理（project management）、組態與變更管理（configuration & change management）、以及環境（environment）。我們將逐步加以簡單說明，詳細說明可參考 [Jacobson99]。

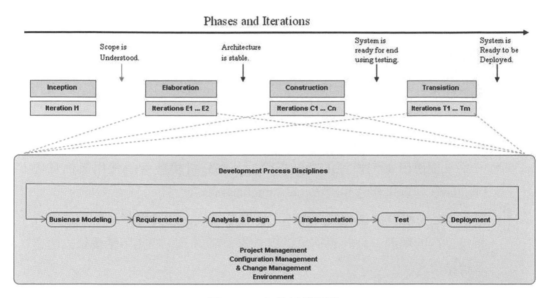

圖 4-3　UP 的結構示意

時間維度

- **初始階段**：本階段主要發展專案觀點，包括：專案目標，與專案相關人士的需求，以及功能實作項目等。
- **詳述階段**：認證結構以及專案需求細節，包括：確定必要的功能，並以使用案例詳述需求細節，創作結構如系統的類別圖並確定該類別圖。
- **建構階段**：包括詳述其餘需求，並完成程式製作與測試。
- **轉換階段**：部署軟體供使用，並且提供給使用者訓練資料。

每一階段都有若干反覆，4 階段總共不超過 15 次為原則。Larman 認為 UP 是一種反覆流程 [Larman05]，是十分開放並具有彈性的發展方法，雖然整個流程相當「重量」（heavyweight），但因具有彈性，因此依客製化機制可以「輕量」（lightweight）使用，同時亦可以使用在敏捷方法（agile methods），諸如 Extreme Programming（XP）或 Scrum 等方法 [19]。

規程維度

- **業務建模**：可以使用活動圖描述業務流程（如反向工程業務流程），由此初步定義相關的參與者與使用案例。

- **需求**：建造使用案例模型以表示軟體系統的功能。

- **分析**：從使用案例模型創製分析模型，在分析模型中將使用案例實現（realize）以創造概念類別（conceptual classes）。

- **設計**：依分析模型創製設計模型，在設計模型內的設計類別必須追蹤分析模型內的類別，設計類別可以組合成子系統，同時使用結構樣式建造系統結構。

- **實作**：產生可執行的系統，包括：可執行的元件，程式與資料庫。

- **測試**：從使用案例模型內的使用案例引導出測試案例（test case），或者實現（realize）設計模型內的使用案例。

- **部署**：定義實際的電腦結點（nodes），並將所產生的元件裝進各結點。

- **組態與變更管理**：主要工作包括：創立部署單位，改更（如需要），交付改變以及更新工作空間（workspace）。

- **專案管理**：管理專案的進行，包括：計畫，人員，以及執行等，此外須做風險管理。

- **環境**：製作發展指引，提供工具與發展流程給發展組人員使用與遵循。

---

19 參照第 8 章「基本敏捷建模」以及第 9 章「敏捷發展方法」。

4-2 使用案例驅動流程 （ Use-Case Driven Process ）

使用案例驅動是在整個發展流程以使用案例為基礎，就是說，使用案例
結合全部發展工作流程 [Jacobson99]，下圖顯示這種概念：

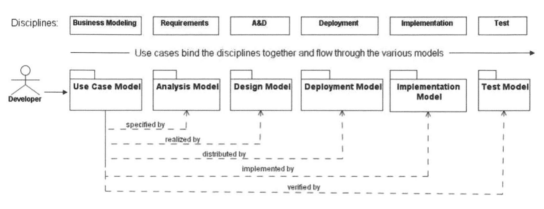

圖 4-4　使用案例驅動流程

- 使用案例模型（use case model）：是蒐集需求的結果，該模型是由所有
  參與者，使用案例以及其間的關聯所構成，此地所謂需求就是系統必須
  實行的能力。

- 方法（the approach）：當分析與設計階段，使用案例依分析模型轉換為
  設計模型，使用案例因此實現（realize）成類別或子系統，實作模型則
  由設計模型產生，最後測試人員認證其實作系統符合使用案例。圖 4-5
  表示這種方法，其中追蹤（trace）表示流程中兩種相依但概念相同的元
  素，例如圖 4-5 中設計模型相依分析模型，分析模型相依使用案例，但
  它們所表示的概念相同，其他測試模型相依使用案例亦同，這種相依關
  係在發展時相依者與被相依者的概念無間隙，保證產生的軟體符合需求。

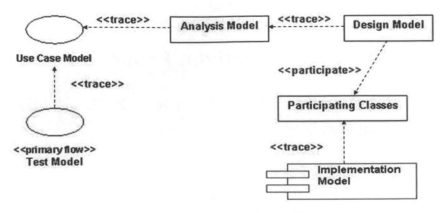

圖 4-5　兩種概念相同的相依模型

4-3　結構中心流程（Architecture-Centric Process）

結構中心就是發展流程支持發展結構中指定的產出（artifact）。我們需要結構以描述最重要的模型元素。結構可以用來描述那部份需要發展，同時那部份可以重覆使用已存在的元件。結構是在詳述階段時反覆發展，其受使用案例，結構樣式，以前建立的結構以及不同需求產品如標準與政策的影響。我們之所以需要結構有幾點理由：

- 藉此較能瞭解整個系統。
- 組織何者須要發展。
- 助長反覆使用。
- 演進系統。

使用結構樣式（using architectural patterns）[20]

結構樣式是對我們要發展的系統的結構綜合觀（overview），其可以提供對問題的較佳觀點而有助於解決問題。使用結構樣式一般有 3 步驟：

1. 選出系統的主要部份。例如訂購流程系統（order process system），中主要部份如：處理訂購、處理付款、處理寄貨等。

2. 描述子系統以協助發展者定義子系統之間的介面。

3. 確定選用何種結構樣式。

範例 1：Client-Server 結構

所謂 client-server 模型是 client 發出要求 server 提供資訊或履行一些作業，Server 就適當地提供所要求的資訊，或依照 client 的要求完成履行作業，但 client 並不知 server 如何完成其要求，這就是所謂「資訊隱藏」（information hiding）。Client 與 server 交換資訊或履行作業是根據兩者之間的合約（contract）進行，這種合約集中在物件負責何種行為（actions）或物件提供何種資訊。最好的例子可能是 www（world-wide-web），在 PC 的瀏覽器（browsers）有如 clients，Servers 所扮演的角色就是處理 clients 的存取，其可能裝置在資料庫，Clients 可以擷取或更新資料庫，Client 與 server 的角色可以互換，形成 peer-to-peer 的結構。

範例 2：Pipe-filter 結構

這種結構可以用來處理大量的資料流，例如訂購流程系統，Filters 是處理資料的子系統而 pipes 則用來連結這些 filters，圖 4-6 顯示這種結構樣式。

---

20 常用的結構樣式將在第 5 章「軟體設計原理」詳細說明。

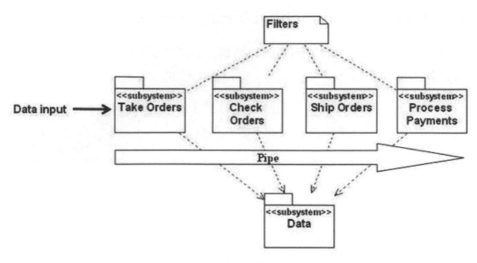

圖 4-6　Pipe and filer 結構樣式

　　從這種結構樣式可以看出，任何子系統修正或增加子系統皆不致於影響其他子系統，這是這種結構的優點之一。

4-4　反覆與漸進式流程（Iterative and Incremental Process）[21]

　　反覆與漸進式方法是大部分軟體發展的核心，包括 UP 或敏捷方法如 Extreme program 或 Scrum 等，圖 4-7 表示這個方法的生命週期。

---

21 參考文獻 [Booch07]。

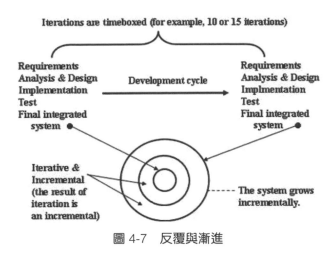

圖 4-7 　反覆與漸進

- 在反覆與漸進式的發展時，系統的功能持續釋出（反覆），致功能逐漸達到完整（漸進），每一次反覆的結果所釋出的功能皆可執行但並非完整，反覆所釋出的結果並非是一種可丟棄的雛型，它是最後產品的 n 部份。反覆式發展方式最主要的優點：

- 較能接受改變（embracing change），諸如需求的改變以及使用者的反應（feedback）。

- 反覆流程允許在發展途中改變產品的功能規格。

- 可提早減輕技術、需求、目標以及可用性等的風險。

- 可早期顯示發展的進度。

- 早期使用者的參與與其對產品的適應。

- 較能管理複雜度。

- 對於發展者可以因反覆而熟知所發展的系統。

- 可以持續改良發展流程。

　　這些優點最主要的是，反覆較能接受與處理需求的改變，這一點我們將在第 9 章「敏捷發展方法」詳加說明。

業務流程逆向工程（Business Process Reengineering, BPR）

業務模型在保證參與者（stakeholders）[22] 瞭解組織的結構以及其動態，所謂 BPR 就是業務流程的重思考與重設計而達到業務流程的改善，我們以「訂購流程系統」（Order Processing System，簡稱 OPS）為例，OPS 的敘述如下：

「我們要發展一套 OPS 給郵購公司，該公司名為 eShop, Inc. 是一間假設的銷售公司（reselling company），這間銷售公司銷售由各家供應商所供應的產品，每一季都會發表產品目錄並寄送給公司的客戶與其他有興趣的人士。

客戶訂購產品經由網路提供欲購買的項目以及支付貨款，支付款可以使用信用卡或匯票（money order）支付，eShop 供應該訂購，並且在一週內透過運送公司依客戶提供的地址寄送訂購的產品。OPS 接到訂購單後隨即追蹤該訂購處理情況一直到產品寄送為止。

eShop 在一定時間內提供服務滿足客戶的要求，例如修改或取消訂購，同時查驗送貨的情況等等…」

假定客戶訂購是經過網頁，同時保證順利出貨，但是必須做一些風險分析如下：

- 當系統錯誤時失去訂購必須避免。
- 大部分的客戶屬非技術人員，因此系統必須容易使用（easy to use）。
- 如果系統瞬間進入大量訂購，系統如何處理。

---

22 所謂參與者包括系統發展者、管理者，經費支援者與使用者等關心系統發展的人士。

- 如果資料庫崩壞，系統如何處理。

- 如同時發生許多訂購項目，系統如何處理

發展 OPS 時務必同時考慮上述風險。OPS 的 BPR 可以使用活動圖（activity diagram）來表達 [23]。

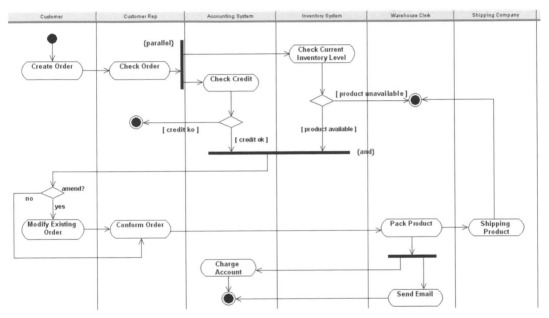

圖 4-8　以活動圖表達 OPS

借助圖 4-8 活動圖，我們可以初步認定（identify）參與者（actors）與使用案例（use cases），以及定義元件介面。

---

23 使用活動圖只是定義 BPR 的一種，例如你也可以使用狀態機圖（state machine diagram）。

4-6 需求（Requirements）

需求是一種敘述擬發展的系統以及其與周圍環境的相互作用，需求須持續由參與者確認，軟體專案中影響需求的因素可能包含 [Larman02]：

- 劣值的使用者輸入　　　13%
- 不完整的需求　　　　　12%
- 需求改變　　　　　　　12%
- 不良的技術技巧　　　　7%
- 不良的支援　　　　　　6%
- 其他　　　　　　　　　50%

至於需求的型態有：

- 功能（functional）如特徵（features）與能力（capabilities）。
- 可使用（usability）度的情形如文件。
- 可靠度（reliability）如錯誤的頻率與恢復力。
- 實行力（performance）如反應時間、實行量（throughput）、正確度（accuracy）、可用度（availability）以及資源運用（resource usage）等。
- 軟體施行的平台（platforms）。
- 支援情形。
- 使用的技術。

需求蒐集（Requirements Gathering）

利用使用者案例做為確認系統的需求，系統需求可分為兩種：

1. 功能需求：顯示系統必須提供的行為。
2. 非功能需求：顯示系統的特殊特性或限制，如實作限制、實行力、可靠

度、可用度、可保養度、可增進（enhanceability）等等。

參照圖 4-8 所顯示的 BPR，我們初步蒐集系統的使用者（即參與者）與使用案例如下：

- **參與者種類：**

  - 客戶（customer）：願意藉由網路向 eShop 購買產品的人們或組織。

  - 客戶代理（customer representative）：負責處理訂購客戶的 eShop 雇員。

  - 倉庫作業員（warehouse clerk）：負責寄送產品的 eShop 雇員。

  - 會計系統（accounting system）：保留公司帳簿以及認證客戶信用，該系統已存在不在本 OPS 軟體系統的發展範圍。

  - 庫存系統（inventory system）：處理公司庫存，該系統已存在但不在本 OPS 軟體系統的發展範圍。

  - 運送公司（shipping company）：運送公司，諸如 UPS，FedEx 等，這些公司只是負責運送產品，不屬本軟體系統發展的範圍。

- **使用案例種類（使用案例辭典）：**

  - 客戶端：建立訂購（create order），修改已存在的訂購（modify existing order）。

  - 客戶代理端：下訂購，查證訂購（check order），修改已存在的訂購，確認訂購（confirm order）。

  - 倉庫作業員端：包裝產品（full product），送電子郵件（send email）。

  - 會計系統端：認證客戶信用度（check customer's credit），記帳（charge account）。

  - 庫存系統端：查證庫存量（check inventory level）。

  - 運送公司端：運送產品（shipping product）。

OPS 的簡單領域圖（Domain Chart）

　　下圖顯示 OPS 簡單的領域圖，著色部分是本範例所主要發展的部分，包括「訂購建立」（Order Creation）與「訂購實踐」（Order Fulfillment），其他已存在而可使用的現成系統，如 HTML，Web 服務，資料庫系統，特殊平台（如 J2EE）等。

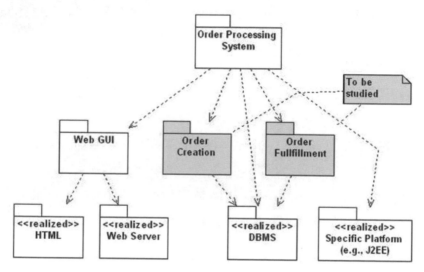

圖 4-9　OPS 領域圖

4-7 使用案例圖（Use Case Diagram）

依照領域圖，我們繪製使用案例圖如下：

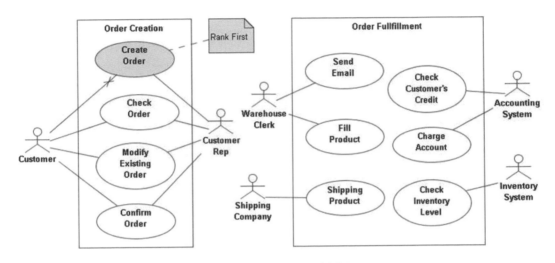

圖 4-10　OPS 使用案例圖

訂購建立領域包括：建立訂購，查證訂購，修改已存在的訂購，確認訂購等使用案例，與這些使用案例有關的參與者有客戶與客戶代理。至於訂購實踐領域包括：包裝（包裹）產品，送電子郵件，認證客戶信用度，記帳，查證庫存量，以及運送產品等使用案例，與這些使用案例相關的參與者如圖 4-10 所示，但非本領域擬發展的案例。

當確定訂購建立領域後必須選擇何種使用案例要事先發展，我們稱為使用案例優先順序（use case prioritization），也就是要確定何者要在早期的反覆時發展，而何者往後的反覆時發展，以本 OPS 範例我們選擇「建立訂購」使用案例為第一次反覆優先發展，讀者可以依使用案例圖發展其他使用案例。

「建立訂購」使用案例文件

使用案例名稱：Create Order

參與者：Customer，Customer Rep

先決條件：客戶成功登入系統而且同意以信用卡付款。

主要事件流程（flow of events）或主要情節（primary scenario）[24]：

1. 客戶從 eShop 網頁菜單點選 Create Order。

2. 客戶輸入客戶的資訊，包括：名字，電子郵件地址，產品寄送地址。

3. 客戶代理將這些資訊送給會計系統以便檢驗客戶的信用度。

4. 會計系統證明客戶的資訊，並且提供該客戶的信用額度。

5. 客戶在訂購單上輸入所希望購買的產品編碼。

6. 當所有的項目都已輸入，系統就檢驗庫存系統並且提供產品的描述與價格。

7. 客戶輸入信用卡資料。

8. 會計系統檢驗信用卡的付費。

9. 客戶輸進訂購。

10. 庫存系統提供所有的訂購項目，確認價格，輸送日期以及訂購標籤（tag）以便客戶可以追蹤物產品輸送的情況。

11. 使用案例情節完成。

從屬情節（secondary scenario）：

第 3 步：如果客戶是新客戶，系統會在資料庫內創設新記錄檔。

第 6 步：如果庫存低於訂購量，系統會重訂貨物。

第 8 步：如果信用卡無效或過期，系統會通知客戶取消訂購。

---

24 事件流程並無標準形式，讀者可參考 [Schneider01] 或自行設計。

後續條件（postcondition）：訂購已存在資料庫內。

特殊需求（special requirements）：系統的反應時間必須小於 2 秒 [25]。

擴充點（extension point）：

建立訂購使用案例有如下擴充點（只是範例）：

- 第 6 步：該產品項目屬季節特價出售。
- 第 6 步：庫存不足訂購量。
- 第 8 步：信用卡無效。

這些擴充點以 UML 圖形表示如下圖 4-11。

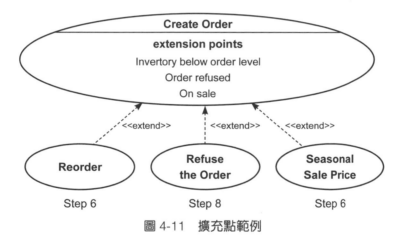

圖 4-11　擴充點範例

註解（Notes）

- 上述所顯示主要情節是一種「一般情節」（general scenario），情節可以使用循序圖（sequence diagram）或活動圖（activity diagram）來表示，特別是活動圖適合用來顯示一般情節，主要是因為活動圖不要求作業元或活動的型態，而且適用在發展早期使用 [Fowler03]。

- 在物件導向分析與設計時尋求物件是永久難解的問題之一，情節不但協助發展者尋求物件有用，同時可用來確認從分析到測試的發展工作 [Jacobson99]。

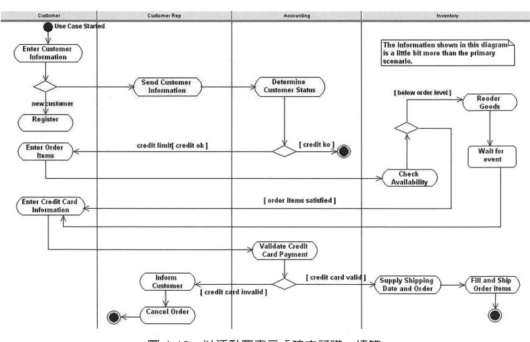

圖 4-12　以活動圖表示「建立訂購」情節

4-8 分析（Analysis）

分析的目的是以分析模型分析需求以達到：

- 精確瞭解需求

- 需求的敘述容易保養。

物件導向分析（object-oriented analysis）是一種活動，強調尋求物件以及在問題領域中描述物件或概念。尋求物件並無固定的方式，主要還是依賴發展者的經驗，我們介紹下列幾種方法如下：

傳統的名詞 / 動詞分析

一般常用的尋求物件的方法是從問題敘述（problem statement）或使用案例情節選取名詞及其相關的動詞，這些名詞就是物件的後補，這個方法首先由 Abbot 提出 [Abbot83]，雖然「傳統」，但是簡單而且強迫發展者以問題的領域來思考，只是這個方法不夠嚴謹，而且對於大型複雜的問題不易使用，因此我們建議由使用案例情節選取名詞 / 動詞（物件 / 責任）。

關鍵抽象概念（key abstraction）

Booch 在 [Booch07] 提供所謂「關鍵抽象概念」，這個概念是一種類別或物件構成部分問題敘述的詞彙（vocabulary），因此發展者可以使用關鍵抽象概念創作系統，認定關鍵抽象概念可以參酌使用案例情節或問題敘述，其過程涉及兩種活動：發現（discovery）與創造（invention）。

- 發現：由領域專家所認知（recognition）的抽象概念，例如 ATM 的概念有客戶（customer），帳戶（account），存儲（deposit），以及提款（withdrawal）等。

■ 創造：設計新的類別或物件。這些類別或物件不一定是問題領域的必要元素，但在設計或實作時是有用的產出（artifacts），例如資料庫，螢幕管理員（screen manager），串列（list），佇列（queue）等。

使用 CRC 卡（Class-Responsibilities-Collaborators Cards）[26]

CRC 卡是一種簡單的腦力激盪的工具，可用來協助思考系統的關鍵抽象概念與機制（mechanism）[27]。CRC 卡是 1989 年 Beck 與 Cunningham 所共同介紹 [Beck89]，這個工具開始是用來教導新學員學習物件導向的概念與程式製作，後來的演變卻超乎教室內的需要，而成為軟體分析、設計以及敏捷思考的工具。CRC 卡只是一張 3 x 5 或 4 x 6 英寸的索引卡（index card），CRC 卡並無標準型態，使用者可以依需要客製化，但卡片至少需具載類別名稱（name），類別責任（responsibilities）以及協助完成類別責任的合作者（collaborators）三項。使用 CRC 卡來尋求類別（物件）有兩種階段 [Arlow05]：

1. 腦力激盪階段：收集資訊，參加的團隊成員包括物件導向分析者，參與者（stakeholders），領域專家（domain experts）以及主持人（facilitator），每個人都可以提出在其領域中的「東西」（things），如客戶，產品，這些東西可以是類別的候選或類別的屬性，團隊成員可以將責任與合作者記錄在 CRC 卡上面。

2. 資訊分析階段：參加的團隊成員包括分析者與領域專家，主要工作由第 (1) 階段所收集的候選類別選出核心類別，例如在 ATM 中的核心類別可能是帳戶，提款，存儲，銀行卡，餘額查詢等，使用 CRC 卡尋求類別往往與傳統的名辭 / 動詞分析一併使用。

---

26 將在附錄 B「CRC Card」詳加說明。

27 所謂「機制」是物件之間相互合作提供一些行為以滿足問題的需求。

分析概念（Analysis Concepts）

　　這種技術是來自於 RUP（Rational Unified Process）的型別（stereotype）[Arlow05]，這種想法是在分析活動時，認為分析模型有三種不同型態的類別來描述系統 [28]，包括：

- 邊界類別（<<boundary>>）：這種類別表示系統與參與者（actor）之間的介面，邊界類別從參與者收集資訊然後轉換成為實體（entity）類別與控制（control）類別使用，邊界類別一般皆以螢幕或視窗（windows）來表示使用者的介面實例（instances），以便參與者工作。邊界類別係使用者與系統間的介面類別，諸如其與其他系統間的系統類別，以及系統與外界間的裝置類別如計測器（sensors）。

- 實體類別（<<entity>>）：這種類別用來模型化永存的資訊，通常依使用案例（情節）來確認，例如地址類別（Address class）或學生類別（Student class），實體類別用來實現（realize）使用案例。

- 控制類別（<<control>>）：這種類別用來協調邊界類別與實體類別，由邊界類別收集資訊然後分送給實體類別，其主要功能就是「交易」（transaction）行動，從邊界類別分開實體類別。

　　在分析模型（analysis model）中以這三種不同類別說明系統如圖 4-13，所謂分析模型是用來在領域中表示概念類別或真實物件：

---

28 以型別 <<boundary>>，<<entity>> 與 <<control>> 來顯示。

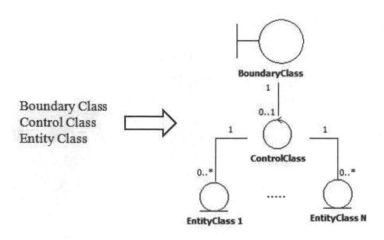

圖 4-13　以邊界類別、控制類別與實體類別說明系統

使用案例的實行（Use Cases Realization）

　　從使用案例情節可以發現使用案例中的相關類別，稱為使用案例合作（use case collaboration），下圖顯示相關類別如 Class 1...Class N 實行（realize）使用案例。

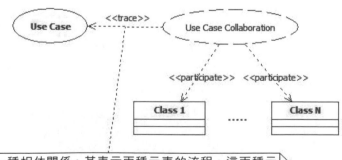

<<trace>>：一種相依關係，其表示兩種元素的流程，這兩種元素的觀念相同，而不具有特殊規則從一個元素引導另一個元素[Jacobson99]。

圖 4-14　使用案例實行

「建立訂購」的關鍵抽象概念（**Key Abstractions**）[29]

在「建立訂購」（Create Order）使用案例內所發現的主要關鍵抽象概念包括：

- **訂購**（Order）：涵蓋產品的價格，輸送地址等。
- **訂購項目**（OrderLineItem）：擬訂購的產品項目與數量。
- **付款**（Payment）：付款相關資訊。
- **產品規格**（ProductSpecifications）：產品的規格資訊，包括：產品代號（code），產品說明，價格，以及現有的庫存量等。
- **客戶資訊**（CustomerInfo）：與客戶相關的資訊，諸如名稱，地址，電話號碼，e-mail 等。

「建立訂購」使用案例分析模型

圖 4-15 表示「建立訂購」（Create Order）使用案例分析模型，該模型亦可稱為「領域模型」（domain model）或「概念模型」（conceptual model）[Larman05]，領域模型是一種視覺化表示在領域中的概念類別（conceptual classes），而非軟體類別，雖然我們可使用 UML 的類別圖來顯示領域模型，但並不標示作業元，僅簡單標示必要的屬性。對於 UP 而言，領域模型是「業務建模」（business modeling – 參照圖 4-3）所產生的產出（artifacts），主要顯示業務模型中的產品與「東西」（things），其提供領域的概念，顯示的方式包括 [Larman05]：概念類別（conceptual class）或領域物件（domain objects），概念類別間的關聯，概念類別的屬性。圖 4-15 表示「建立訂購」使用案例的領域模型。

---

29 僅屬主要的關鍵抽象概念，讀者可由使用案例情節尋求其他概念。

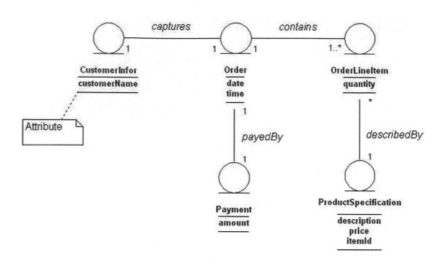

圖 4-15 「建立訂購」使用案例分析模型

此外增加邊界類別 OrderRequestUI 與控制類別 CustomerHandler，邊界類別表示客戶與應用軟體的核心（如圖 4-15）之間的介面，控制類別控制全部的服務流程並產生 Order 類別，因此「建立訂購」（Order）使用案例的實現（realization）就如圖 4-16 所示。

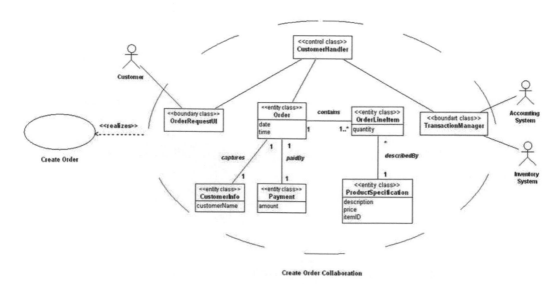

圖 4-16 Order 使用案例的實現

4-9 設計（Design）

設計是使用分析所產生的產品以產生一種藍圖（設計模型）以實作系統的流程，其所顯示的是系統如何運作的邏輯描述，而物件導向設計（object-oriented design）是一種行動，強調如何定義軟體物件以及其間的合作關係，以滿足需求。我們可以概述：分析是「做對的事情」（do the right thing），而設計就是「把事情做對」（do the thing right），圖 4-17 表示這種概念。

圖 4-17 分析模型追蹤使用案例模型，設計追蹤分析模型

使用結構樣式（architectural pattern）

設計開始必須決定軟體結構以定義應用軟體的一般性結構，以本「建立訂購」範例而言，採用「三階結構」（three-tier architecture）樣式可能適合資訊系統的邏輯結構，所謂三階結構分成下述三種層次：

- 展示層次（Presentation layer）：這個層次屬於用戶層次（client tier），顯示應用系統的視覺，所包含的軟體元件負責給使用者提供系統的介面，諸如視窗，報告等。

- 應用邏輯層次（Application logic layer）：提供應用軟體的功能的服務，包含業務物件，作業或業務規則，這個層次屬於網路服務層次（internet service layer）。

- 永存層次（Persistence layer）：這個層次提供的服務是，在執行應用軟體時保證資料的永存以及資料的存取，如資料庫或老舊系統（legacy applications）。圖 4-18 表示這三種層次的關聯。

圖 4-18　軟體結構的圖示―三階結構

我們使用循序圖表示服務層次（service tier）以及永存層次的軟體結構內容。

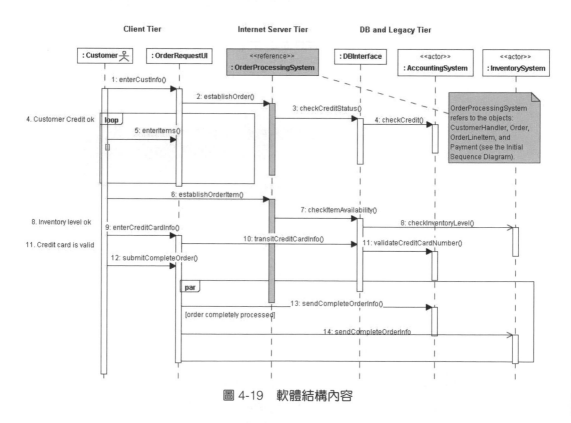

圖 4-19　軟體結構內容

依照圖 4-19 所表示的循序圖，我們發展 OPS 的詳述類別圖（elaborated class diagram）如圖 4-20。

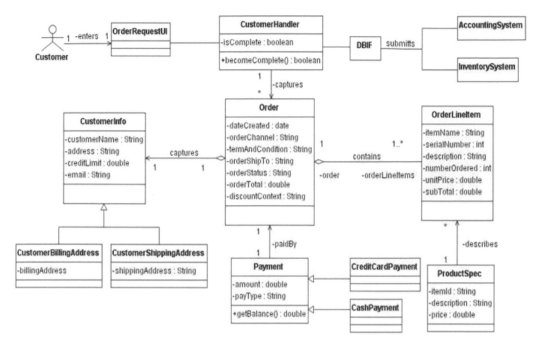

圖 4-20　OPS 類別圖

　　詳述類別圖只是一種設計樣本，讀者如需要可設計更詳盡的類別圖，例如指定其他屬性或作業元。

Java 物件與資料庫設計模型

　　我們只舉訂購（Order）類別為例：轉換屬性為 get- 與 set 作業元（即所謂 getters 與 setters）。所謂 Getter（或 reader）是從實例（instance）摘取資訊的方法（method），至於 Setter（或 writer）是將資訊嵌入實例的方法。Getters 與 Setters 的觀念就是支持資料隱藏的觀念，兩者提供物件資料（屬性值）的管制存取，換言之，其他物件不能直接使用或操縱物件內的資料，圖 4-21 表示訂購（Order）類別以及其資料庫設計，兩者追蹤自分析概念類別。

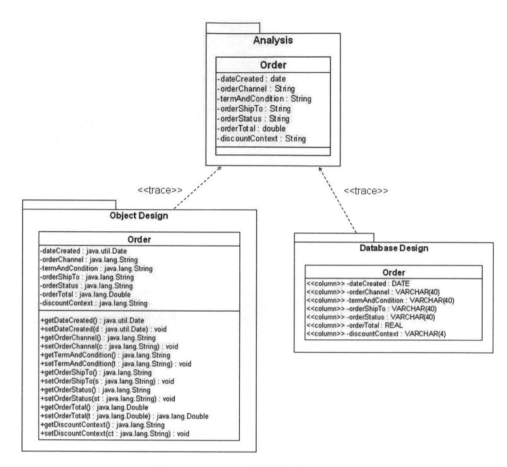

圖 4-21　Order 類別與其資料庫設計

OPS 結構（OPS Architecture）

將 OPS 應用軟體成三階結構如圖 4-22 所示。

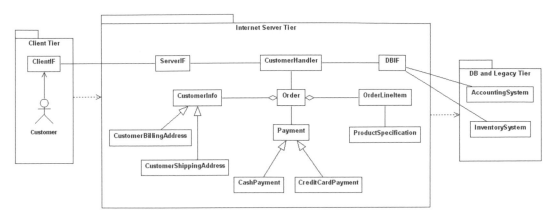

圖 4-22 OPS 結構

訂購類別（order class）的活動圖

圖 4-23 活動圖表示訂購類別的主要情節。

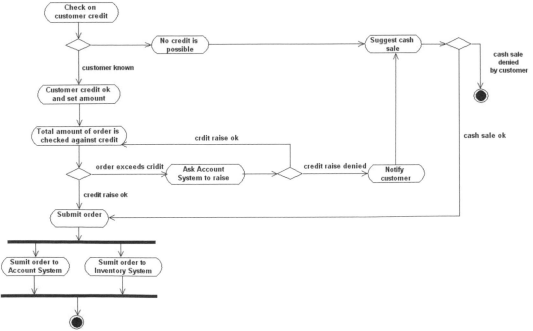

圖 4-23 訂購類別的主要活動

螢幕設計範例

我們依照 OPS 類別圖（圖 4-20）舉 Order 與 OrderLineItem 類別為例設計螢幕如下：

orderId		*
dateCreated	Nov 20, 2004	
orderChannel		
termsAndCondition		
orderShipTo		
orderStatus		
orderTotal		
discountContext		
customerId	Select	*
lineItemId		*
productName		
serialNumber		
description		
numberOrdered		
unitPrice		
subTotal		

OK Delete

圖 4-24　螢幕範例

4-10 實作（Implementation）

實作模型是

- 組織（organizing）程式為程式元件的流程。

- 定義程式元件的介面。

- 確定在元件內的類別與其他模型元素。

元件提供與實作的類別相同的介面，例如元件 Customer 與 Order 元件追蹤兩者的設計類別如下圖所示：

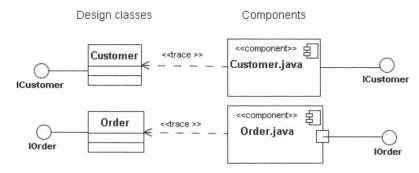

圖 4-25　元件追蹤所設計的類別

4-11 測試（Test）

測試在軟體發展過程中是十分重要不可或缺工作流程，「程式測試可用來顯示錯誤（bugs），但是無法顯示錯誤的不存在」（E.W.Dijkstra）[30]。整個生命週期（lifecycle）都必須執行測試，包括：

---

30 E.W Dijkstra: "Program testing can be used to show the presence of bugs, never to show their absence."

- 需求工作流程（requirement workflow）：核對需求無誤。
- 分析工作流程（analysis workflow）：核對規格。
- 設計工作流程（design workflow）：每一設計階段須詳細核對。
- 實作工作流程（implementation workflow）：測試每一程式產出（code artifacts）。

測試是十分煩雜的工作，我們只介紹測試的觀念，讀者可參閱有關測試的專論。

物件導向測試活動（Object-Oriented Testing Activities）

我們將依測試的項目分別為：

- 單一測試（unit testing）：最小的單一功能測試，這種測試活動是要找出在物件或子系統內的錯誤。
- 整合測試（integration testing）：是在系統整合過程時的測試，也就是測試功能的序列，在做整合測試時必須測試整體的系統，將整體系統的測試看成有如單一測試，這種測試有時稱做「大爆炸測試」（big bang testing）。
- 系統測試（system testing）：測試所有元件，從問題敘述，需求以及設計目標確定錯誤，包括：
  - 觀查使用案例以測試其功能。
  - 測試非功能的實行（performance）。
  - 接受測試（acceptance testing）：這部分須由客戶執行。
  - 安裝測試（installation testing）：由客戶依其目標環境測試使用度（usability），功能與實行，如由少客戶執行這種測試稱為 beta 測試。

- 管理測試（managing testing），包括：

  - 規劃測試（planning testing）。

  - 文件測試：規格、事故報告（incident report）、以及概要報告（summary report）等。

  其他物件導向測試議題將於第 7 章「物件導向軟體測試」一章中說明。

測試流程（testing processes）

　　從事測試有兩種人：測試者（testers）與軟體系統發展者（developers），我們借用活動圖來表示測試流程 [Palmer02]。

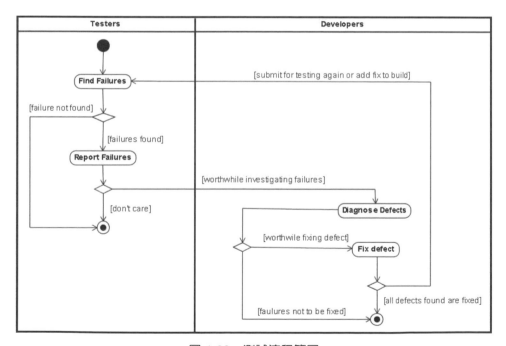

圖 4-26　測試流程簡圖

測試策略（strategy for testing）

測試策略可分為兩種：

- **由下而上測試（bottom-up）**：測試者送測試訊息給某類別，然後預期該類別做何事，例如測試者送給客戶類別（Customer class）訊息，問該類別該客戶的信用額度，客戶類別提供的信用額度是否測試者所預期的結果。

- **由上而下測試（top-down testing）**：由上而下測試由使用案例開始，經由所有情節漸進測試，該情節來自於使用案例敘述。

參與測試者的角色包括：

- **發展測試**：設計與程式設計者。

- **獨立測試群**：這類測試人員執行完整的測試事例（test case），尋找發展者所產生的錯誤。

- **Alpha 測試**：在發展群的監督下的使用者與用戶。

- **Beta 測試**：在正常環境下的使用者與用戶。

- **接受測試**：使用者與客戶決定產品付款者。

4-12 部署（Deployment）

部署是產出（artifacts）在系統中實際分佈的節點（nodes）位置，UML是以部署圖（deployment diagram）來展現，部署的基本元素包括：產出，節點以及其間的連結（connections）。產出通常是指可執行的軟體檔，諸如原始碼、文件或其他軟體程式，至於節點是軟體產出的部署與執行平台，諸如記憶體與處理器，連結這些節點形成整個部署圖，我們以 OPS 的部署圖為例，如圖 4-27。

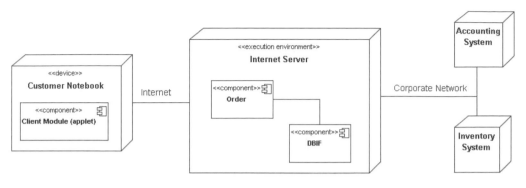

圖 4-27　OPS 部署圖

4-13 專案管理（Project Management）

專案管理關涉到規劃、資源配置、預算控制、以及進度管制等以便保證交付的高品質軟體系統能夠在規劃時程與預算範圍內完成。度量（metrics）對於專案的管理十分重要。

所謂度量是對於實體（entity）的屬性加以衡量，在軟體發展中，度量有幾項目標：

- 依計畫做流程管制。
- 改進客戶的滿意度。
- 改進生產力（productivity）。
- 改進可預測（predictability）。
- 增進重複使用（reuse）。

依照 [Kruchten99] 在 UP 的發展階段中，針對發展時程（schedule）以及工作量（efforts）所佔的相對量如下：

階段	時程	工作量
初始階段（Inception phase）	10%	5%
詳述階段（Elaboration phase）	30%	20%
建構階段（Construction phase）	50%	65%
轉換階段（Transition phase）	10%	10%

發展者——管理者與工程師對於軟體發展專案所需要瞭解與控制的資訊包括如下：

- 管理者
  - 每一流程的成本。
  - 工作人員的生產力。
  - 發展的程式的優良程度。
  - 使用者對於產品的滿意度。
  - 如何改進發展工作。

- 工程師
  - 需求可否測試。
  - 是否已發現所有錯誤。
  - 是否已符合產品與作業流程目標。
  - 將來可能發生何事。

有關「軟體度量」（software metrics）我們將在附錄 A 詳加說明。

4-14 組態與改變管理（Configuration and Change Management）

組態與改變管理是當專案產生改變時追蹤與保養其一致性，組態管理是對付產品的結構，其目的在於

- 避免在系統模型內因非規程的改變（undisciplined change）所產生的錯誤。
- 保證分析模型與程式能夠一致。
- 管制程式與需求文件的版本改變過程。

至於改變管理是處理由於改進與交付所產生的改變要求，要求改變的理由在於：(1) 修復錯誤；(2) 改進產品的品質（如使用度或實行度）；(3) 增加需求或記錄反覆時的微調。事實上，改變是組態的一部分。

4-15 環境（Environment）

環境規程（environment discipline）的目的就是支持軟體發展組織包括流程與工具，其支持發展團隊項目包括 [Kruchten99]：

- 選擇與取得（acquisition）工具。
- 調節工具以適合組織之使用或者增加其他工具。
- 流程組態。
- 流程改進。
- 訓練。
- 支持作業流程的技術服務如：資訊技術，帳務，支援（backup）等。

補充資料 1：CustomerInfo 的 Java 部分程式範例

```java
public class CustomerInfo {
public CustomerInfo (String customerId, String customerName, String
address, double credit Limit String email){
    ID=customerId;
    name=customerName;
    customerAddress=address;
    cLimit=creditLimit;
    mail=email;
    }
public CustomerInfo(){
    name="";
    ID="";
    customerAddress=""
}
```

```java
  public CustomerInfo {
    name="";
    ID="";
    customerAddress=""
    cLimit="";
    mail="";
    }
  public String getCustomerName(){return name;}
  public String getaddress(){return customer Address;}
  public double getCreditLimit(){return cLimit;}
  public double getCreditLimit(double 1){cLimit=creditLimit;}
  public String getCustomerId(){return ID;}
}
```

補充資料 2：物件導向軟體發展快速流程

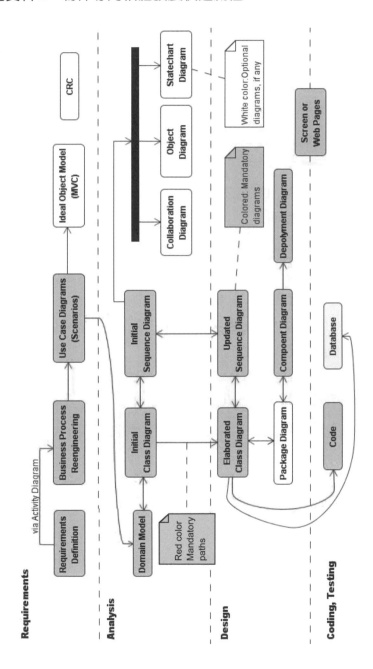

1. 指定下列非功能需求何者可以證實（verifiable）何者不能證實 [31]：

   - 系統必須可用（useable）。

   - 系統的可用度（availability）必須 95% 以上。

   - 新系統的使用者介面必須與老系統類似，因此使用者使用新系統時不必重新訓練。

   - 系統的反應時間必須在發出命令後 1 秒鐘內產生。

2. 抽象類別所為何事？

3. 何種理由引起需求的改變？

4. 3 層結構（three-tier architecture）是設計資訊系統普遍採用的軟體結構，試問這種結構有何優點？每層次的關係為何？

5. 迷你專案：下面敘述「飛機定票系統」（Flight Reservation System），試以本章節發展流程發展該系統。

   飛機公司希望有一系統用來預訂飛機票，該系統由預訂作業員來操作，可以接受電話預訂，或在機場預訂，該系統提供一些功能，包括：

   - 系統允許預訂作業員接受特殊的顧客，顧客必須提供名字、地址、預定飛行時間、特別需求以及 e-mail。

   - 系統必須允許作業員提供該班機的乘客名冊、班機號碼以及飛行日期。

   - 如顧客要求，系統必須允許作業員修改飛行時間表，顧客必須提供班機號碼。

   - 系統必須允許作業員代客取消已登記的飛機班次，顧客必須提供班機號碼及飛行時間，以及顧客名字、地址或 e-mail。

---

31 參考文獻 [Bruegge00]。

6. 假設下面一個學校情境:「學生」(Student)向「註冊組人員」(Registration Clerk)「課程註冊」(Course registration),對於「特殊課程註冊」(Registration for special course)需由「教師」(Instructor)同意。對於學生有「先修要求未滿足的註冊程序」(Prerequisite courses not completed)需另考量。註冊後,學生向「出納組」(Bursar's Office)「繳費」(Student billing)。請繪製物件導向方法中 UML(Unified modeling language)的 Use-Case Diagram,請包含必要的延伸行為之考慮。(100年特考三等)

7. Booch 等人依系統概念,提出軟體系統結構的五個觀點,分別為:個案觀點、設計觀點、流程觀點、實施觀點與部署觀點。簡要說明此五個觀點的內容。說明此五個觀點分別對應到資訊系統發展生命週期(ISDLC)的那個階段。此五個觀點所使用的統一塑模工具(Unified Modeling Language, UML)為何?(100年薦任考)

8. 試以下列操作電梯的敘述,畫出電梯系統的狀態圖。(100年薦任考)
   - 使用者按下所要前往樓層的按鈕
   - 系統偵測到按鈕被按下
   - 電梯往使用者等待的樓層移動
   - 電梯移動到使用者等待的樓層之後,將門開啟
   - 使用者進電梯後,按下目的樓層的按鈕
   - 電梯的門關閉
   - 電梯往指定的樓層移動
   - 電梯的門開啟
   - 使用者離開電梯
   - 電梯的門關閉

9. 物件導向分析（Object Oriented Analysis）之工作是找出系統所需要的類別（Class），並分析出類別與類別間之關聯（Association），請問系統分析師要如何找出類別？分析過程中又如何決定類別間的關聯與關聯之多重性（Multiplicity）？（101 年高考二級）

10. 請依據下列動作依序排列從系統分析到系統設計的動作：（101 年高考二級）

    - 明確定義每一方法（Method）之演算法
    - 繪製設計狀態機器圖（Design State Machine Diagram）
    - 繪製使用案例圖（Use Case Diagram）
    - 更新封裝展示層（View Layer）、領域層（Domain Layer）和資料存取層（DataAccess Layer）
    - 確認利害關係人之目標或利
    - 描繪設計類別圖（Design Class Diagram）
    - 繪製互動循序圖（Sequence Diagram）
    - 以使用案例為主描繪出活動圖（Activity Diagram）
    - 尋找概念類別並描繪初步類別圖（Class Diagram）
    - 撰寫使用案例（Use Case）內容

11. 軟體開發生命週期（Software Development Life Cycle, SDLC）包含軟體開發過程的活動和建立的工作產品，而 Rational 統一流程的主要特點是以 UML 圖形建立使用案例圖（Use-Case Diagram）來啟動物件導向分析與設計過程，可稱為 UML 塑模過程，包括需求擷取、建立使用案例模型、定義概念模型、建立互動圖、地藝設計模型。請分別說明這五個流程，並劃分何者為「需求階段」、「物件導向分析」及「物件導向設計」三個階段。（101 年專技高考）

5

CHAPTER

軟體設計原理

在軟體發展領域中，所謂「設計原則」是指「在發展軟體系統的動作中，一種可以接受的規則或方法，也就是說可使用的工作原則 [32]」，好的設計原則必須是能夠協助發展者產生設計的主意（idea），而且可以讓設計者能夠透過設計義涵來思考其實際設計（Rebecca J. Wirf-Brock 2009），依據這樣的定義，我們所要談的設計原則是可實地應用的，不過原則並非嚴格的設計規則，有如設計樣式（design patterns）一樣，僅在某種環境中使用，過份使用設計原則，可能會增加程式的負擔與工作量，因此設計者如確定類別或模組的功能將來或短期內不致改變，則不一定要去使用設計原則，不過大部分的設計原則，都是將實作（implementation）隱藏，以保持設計的彈性，如下述介紹的 OCP 或 DIP。

本章介紹軟體設計的幾個軟體設計的基本原則。

5-1 物件導向設計指導原則

運用在實務上被證明有效的物件導向設計指導原則，可以讓開發的軟體更具有可維護性（maintainable）、彈性（flexible）、可擴充性（extensible）等特性 [McLaufhlin07]。

所謂的指導原則，是在一種應用領域上，對於實施的步驟或動作提供一個可調適的規則或方法。一個好的設計指導原則，透過設計的指引，協助設計者思考產生一些設計想法與概念，試觀察其後兩種設計範例 [Larman05]。

---

32 http://dictionary.reference.com

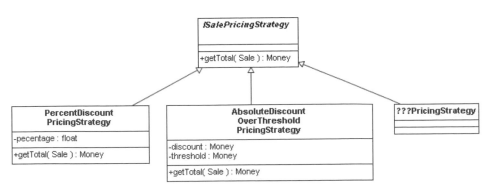

圖 5-1　使用繼承機制設計銷售價格策略

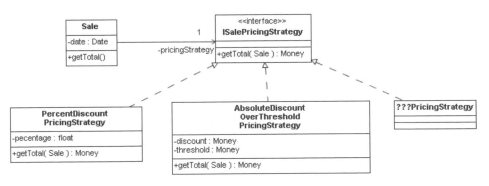

圖 5-2　使用合成機制設計銷售價格策略

5-2　繼承（Inheritance）與合成（Composition）設計

　　繼承與合成都是物件導向設計非常重要的技術。觀察圖 5-1 和圖 5-2 的兩個設計案例，思考看看哪一個比較適當。針對銷售結帳系統設計不同的銷售策略，此例子需要實作出的功能是：一個顧客購買完商品的結帳（getTotal 取得全部購買金額）功能。圖 5-1 使用繼承機制設計此結帳功能；而圖 5-2 則使用合成機制設計。第一個設計的概念是，首先設計一個銷售價格策略的抽象

類別，將相同的方法宣告抽出放在上層抽象類別，具象類別（即子類別）則針對不同的價格策略予以設計不同的屬性與計算總價的實作方法，例如百分比的折扣或是超過一個門檻值的折扣。第二個設計概念是，主要類別 salse 先設計一個計算總價方法的共同介面，再針對不同價格策略設計不同的具象類別以實現（realize）該介面，最後設計一個銷售類別，使用合成關係使用不同的價格策略。

第一個設計顯示，對於較深的繼承架構，需要更多的技巧小心的維護父類別與子類別之間的關係，一旦父類別變更設計而一時疏忽書面記錄，將影響所有子類別的特性與行為，但是設計者或實作者卻無法確知，造成不可預知的副作用影響，至於合成設計如要增加他種價格策略，則只要略改介面即可，可避免繼承設計的缺點。不過繼承設計比合成設計簡單，但要採取那一種設計方式並無規則，端視設計者的「喜好」[Wirfs-Brock07]。

5-3　善用合成超越繼承

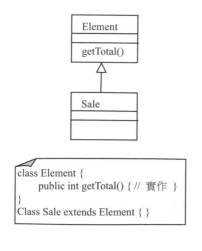

圖 5-3　繼承與合成的設計

合成和繼承都是重複使用已經寫好程式碼功能的一種機制，如圖 5-3 的兩種設計，其中類別 Element 是已經寫好的元件，具有結帳功能（getTotal）。左邊設計使用繼承機制，Sale 透過繼承而具有結帳功能（getTotal）；右邊設計使用合成機制，Sale 透過合成而具有結帳功能（getTotal）。其中優缺點以表 5-1 說明。

表 5-1　繼承與合成的比較

	繼承	合成
重用	藉由繼承或擴充另一個物件的實做達成	藉由結合其他物件達成
優點	擴充比較簡便。	1. 封裝性良好 2. 降低實做依賴 3. 內聚力高 4. 執行時期動態組合新功能
缺點	1. 破壞封裝性 2. 父類別修改會影響到子類別 3. 無法在執行時期改變所需物件	造出較多物件

針對表一的比較，說明如下：

重用

繼承物件的意義則是藉由繼承或是擴充（extending）已經寫好的另一個物件來達成程式碼的重複使用。父類別藉由一般化（generalization）機制定義一般或共同的屬性和方法，子類別藉由特殊化（specificalization）機制定義額外的屬性和方法實做來達成繼承的設計。亦即，將相同或一般性的程式碼放在父類別，子類別就可以繼承父類別的程式碼。以圖 5-3 為例，Element 和 Sale 類別都需要結帳功能，因此將結帳功能寫在父類別 Element，Sale 直接繼承即可重複使用結帳功能程式碼。

　　合成物件的意義是藉由結合其他物件達成已經寫好程式碼功能的重複使用，其意義是：物件藉由將自己原本要完成的工作或功能委任（delegating）給另一個已經寫好的物件。例如大老闆要中階主管完成一項重要的銷售計畫，中階主管委任給屬下去完成工作，而不必自己親自完成。寫程式也是一樣，已經有人寫好一個物件具有某項你現在需要的功能，你現在寫的這個物件，只要藉由物件的合成，就可以達到重複使用的目的。以圖 5-3 為例，類別 Sale，藉由合成 Element 類別，將結帳功能委託 Element 物件完成。

優點

物件的繼承中，其優點包括：

- **擴充比較簡便**：擴充繼承就可以實做新的功能，擴充比較簡便。容易修改或擴充可以被重複使用的新功能。

物件的合成中，其優點包括：

- **封裝性良好**：主要的物件透過介面（interfaces）存取被合成或被包含的物件，這是一種黑箱（black-box）的重複使用。被包含的物件，其內部程式碼對於主要的物件是不可視（visible）的，如此的設計具有好的封裝性（Good encapsulation）。例如上例，主要物件是 Sale 物件，被包含的物件是 Element 物件，Sale 物件不需要知道 Element 物件如何實作，只要使用 Element 物件的介面 getTotal() 即可，增加 Element 物件的封裝性。

- **降低實做依賴**：Sale 物件透過 Element 物件的介面 getTotal() 呼叫使用其結帳功能，Element 物件的 getTotal() 內部實做有任何修改，並不會影響到 Sale 物件的實作，可以達成較少的實做（implementation）依賴。

- **內聚力高**：每一個類別聚焦於一個工作任務（task）。

- **執行時期動態組合新功能**：合成可以在執行時期動態（dynamically）設定新的功能，例如 Sale 物件可以在執行時期透過 setElement 動態設定不同的 Element 物件。

缺點

物件的繼承中，其缺點包括：

- **破壞封裝性**：白箱（white-box）重複使用，子類別可看到父類別實做細節，子類別可以修改父類別實做的細節。

- **父類別修改會影響到子類別**：因為子類別繼承父類別的屬性和方法，父類別的屬性和方法一旦修改，將會影響到所有繼承它的子類別。

- **無法在執行時期改變所需物件**：從父類別實做繼承，無法在執行時期設定不同物件以取得不同程式碼功能。

物件的合成中，其缺點包括：

- **造出較多物件**：系統有較多物件，增加物件管理的複雜度；

- **難以定義不會變更的介面**：主要物件透過功能介面呼叫使用被合成的物件的方法，介面定義必須小心謹慎，否則隨意變更將影響到主要物件的程式碼。

5-4 繼承（Inheritance）檢驗原則

要如何選擇運用繼承或合成機制來設計，Coad 規則提供五個準則，若符合以下準則，則可以使用繼承機制進行系統設計。

- 子類別是一種父類別的特殊種類，而不是要扮演父類別的一種角色。亦即繼承的關係是一種「特殊種類」的關係，子類別繼承父類別共通的屬性與行為以便重複使用。圖 5-4 左邊的設計，父類別是人，繼承下來的子類別是一種特殊的人，包括男人或女人。圖 5-4 右邊的設計，繼承下來的子類別是工人和觀光客，然而工人是人在工作時扮演角色，觀光客是人去休閒觀光扮演的角色，兩者都有其特別的屬性和行為，不適宜直接繼承人這個類別。此時需要引入如圖 5-5 合成的設計，此時的繼承關係就是一種正確的「子類別是父類別的一種特殊種類」。

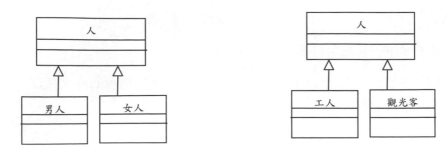

圖 5-4　人與角色的繼承架構

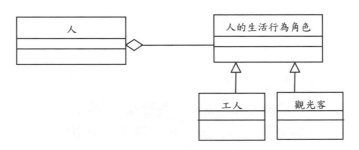

圖 5-5　角色的合成架構

- 一個子類別的物件不需要變成其他類別的物件，意思是不要從單一的類別繼承架構做多重類別的繼承。例如若將圖 5-5 的設計改成圖 5-6 的設計，將會造成多重繼承上的衝突。原因是工人和觀光客會繼承「人」這個類別的屬性或功能，「樂活的人」繼續繼承下來這些相同的屬性時，會不知道要選擇從工人類別繼承或是從觀光客類別繼承。

- 子類別中只能擴充父類別的功能，不要覆寫（override）或空化（nullifies）父類別的功能。子類別複寫或空化副類別的功能，將造成子類別和父類別功能不一致，之後客戶端的程式要透過父類別的介面使用子類別的功能，將造成功能誤用而使系統錯誤。

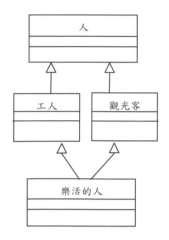

圖 5-6 角色的合成架構

- 若類別本身近乎是應用（utility）類別，就不要加以繼承。例如數學三角函數的類別，不需要去繼承它，因為這些類別已經提供非常具體好用的功能，而不是提供一般性的介面或抽象的功能。
- 在真實問題領域中的類別，子類別扮演特別的角色（role）、交易（transaction）、或是裝置（device）介面。

5-5 芮氏替換原則（Liskove Substitution Principle, LSP）

這一個原則是 OCP 原則的擴充，意思是要確定新的引導類別（derived classes）是擴充基礎類別（base classes）而沒有改變基礎類別的行為。換言之，一個子類別必須支援所有父類別的行為，重點在於類別的繼承，必須考慮行為的繼承，而非單存的屬性或方法宣告的繼承。

「假設有兩種資料型別 S 和 T，物件 o1 的資料型別是 S，物件 o2 的資料型別是 T。在有資料型態 T 和 S 的程式 P 中，遇有物件 o1 均以物件 o2 取

代，此時程式 P 的行為不會因此而改變，則資料型態 S 是資料型態 T 的子型態（subtype）」[Liskov88]。以上定義子型態必須可以被基礎型態所取代，也就是說，子類別繼承自基礎類別，子類別的物件必須能夠被基礎類別的物件取代，卻完全不會影響基礎類別的行為。透過基礎類別取代子類別，這個設計原則可以確保繼承設計的正確性。

Liskov 取代原則主要探討的是子類別可否取代父類別的問題。這個問題的基本是物件的多型（polymorphism）。什麼是多型？「相同的訊息可以送給不同的類別的物件，每一個物件會依其獨特性作出不同的反應」，或「相同的方法可以作用在不同的物件上」。例如在下例中，Circle 與 Rectangle 都是 Shape 的子類別，所以 Shape 中所定義的方法可以用在 Circle 或 Rectangle 中。假設類別 MyApp 的方法 paint 會要求一個 Shape 物件作繪圖的動作，如下：

```
class MyApp {
  public void paint(Shape s) {
    s.draw();
  }
  ...
}
```

第二行中的 paint() 的參數為 Shape，代表 MyApp 的物件可以送訊息給 Shape、Circle 或 Rectangle 的物件（因為這三個類別是 Shape 的子類別）。亦即，行 3 中的 s 物件在執行期間，可能是 Shape、Circle 或 Rectangle 的物件。方法 draw() 可以作用在多個類別（Shape、Circle 或 Rectangle）的物件上，故稱為多型。若從「取代」的角度來看，子類別（Circle）是父類別（Shape）功能的擴充，所以由子類別來取代父類別去執行的父類別動作（draw()）也沒有問題。多型的使用可以視為一種子類別的物件取代父類別物件工作的行為。

然而，繼承並非是萬無一失的，如果沒有小心謹慎的使用多型的技巧，可能會造成許多問題。以下以二個實例來說明不適當的繼承所帶來的問題。

Tree 是否為一種 Graph？

從數學上來看，樹狀結構（Tree）與圖形結構（Graph）都是由點（node）與線（edge）所構成的的結構，不同的是 Tree 要求任 2 點必須相通（直接或間接），而且任 2 點只有一個路徑（也就是不可以有迴圈），而 Graph 是可以有迴圈的結構。從概念上及數學上來看樹狀結構（Tree）：「是一種」（is a kind of）圖形結構（Graph），依據物件導向分析 ako 的關係，設計讓 Tree 繼承 Graph。

Graph 有 addNode() 與 addEdge() 2 個方法，分別用以新增點與線，這在 Graph 中是極為自然的。Tree 因為繼承自 Graph，也順理成章的擁有 addNode 與 addEdge()2 種功能，然而問題就出在此處——Tree 任意的新增與移除點或線後就不是一個 Tree 了，這 2 個方法在 Tree 中根本不自然，也不應該。怎麼會這樣呢？Tree 不是一種 Graph 嗎？為什麼繼承後會發生這種問題？

正方形是否為一種矩形？

從數學的概念上來看，正方形（Square）是一種矩形（Rectangle），所以很自然的在它們之間宣告一個繼承關係。以下程式說明 Square 在繼承 Rectangle 後所作的修改，因為 Square 的寬與高是相同的，所以 Square 必須覆蓋方法 setWidth() 與 setHeight() 用以保障長與寬都相同。

```
class Rectangle {
   private int width，height;
   public Rectangle (int w，int h) {
      width = w;
      height = h;
   }
   public setWidth(int w) {
      width = w;
   }
   public setHeight(int h) {
```

```
        height = h;
    }
}
class Square extends Rectangle {
    public Square (int s) { super (s，s); }
    public setWidth(int w) {
        super.setHeight(w);
        super.setWidth(w);
    }
    public setHeight(int h) {
        super.setHeight(h);
        super.setWidth(h);
    }
}
class App {
    public void testLSP(Rectangle r) {
        r.setWidth(4);
        r.setHeight(5);
        if (r.getArea() != 20 )
                System.out.println( "Error");
    }
    public static void main(String args[]) {
        Rectangle r = new Rectangle(3，4);
        compute(r);
        Square s = new Square (5);
        compute(s);
    }
}
```

【說明】Rectangle 與 Square

　　類別 App 中的方法 compute() 傳入 Rectangle 物件。對 paint() 而言，它所要處理的物件就是一個 Rectangle，所以在設定它的寬度與長度分別為 4 與 5 後（30-31 行），r 的面積就應該是 20（4*5=20），所以不應該進入會出錯的 3 行 2。然而事實並非如此 - 若傳進的物件是一個 Rectangle 時不會出錯，但若傳進的物件是一個 Square 時就會出錯，面積會變成 25。為什麼會如此？依

照多型的定義，用 Square 的物件來取代 Rectangle 的物件來運作應該不會有問題的？

　　Liskov 取代原則就是在檢驗這一類的問題。在 Tree 的例子中，儘管 Tree 是一種 Graph（在數學的概念上），但「行為」上並不是一種 Graph（Graph 允許 addNode() 及 deleteNode()，但 Tree 不允許）；也就是說他們之間並沒有行為繼承（Behavior inheritance）的關係。Tree 的功能沒有像 Graph 一般多，若我們用 Tree 去取代 Graph 做事，後果就會不堪設想。

　　Rectangle 的例子也說明這個現象。子類別繼承父類別後會有擴充的屬性及功能，也就是說，物件的功能應該越多。但 Square 繼承 Rectangle 後，條件卻越來越緊（Square 多了對屬性間的限制），這時候用 Square 來取代 Rectangle 也會出現問題。

- LSP 的定義如下：

  引用到父類別的方法必須要能夠在不知道其子類別為何的情形下也能夠套用在子類別上（Functions that use references to super classes must be able to use object of subclasses without knowing it!）

- 相對於 Rectangle 的例子：

  Functions（paint）that use references（s）to super classes（Shape）must be able to use object of subclasses（Circle or Rectangle）without knowing it!

　　簡單的說，LSP 要求在建立類別階級時也必須同時考慮到他們之間的行為繼承階級的適當性，亦即子類別是否可以繼承父類別的行為。若否，則不應建立類別繼承階級。編譯器並不能協助檢查這一點。因為，只要程式語言提供多型的功能，用子類別的物件取代父類別的物件來運作在編譯時是不會發生錯誤的。所以這個問題就必須留給設計者傷腦筋。原則是什麼？子類別的行為不能比父類別少、子類別的限制不能比父類別多、並且多用介面繼承，少用類別繼承。

5-6 資訊隱藏（Information Hiding）

資訊隱藏並不等同於簡單的資料封裝，而是對其他模組隱藏設計的資訊，例如比較複雜詳細或者容易改變的部分。對於困難的設計決策，或者容易改變的設計決策，需要另外設計一個模組包裝隱藏起來 [Parnas72]。這個原則和 PV 其實是相通的，以下是 Parnas 的原文說明。

"We propose instead that one begins with a list of difficult design decisions or design decisions, which are likely to change. Each module is then designed to hide such a decision from the others."This is the same principle expressed in PV."

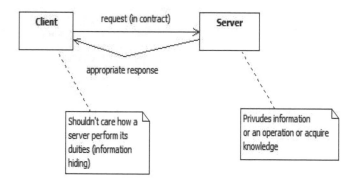

圖 5-7　客戶伺服器機制

圖 5-7 以一個客戶伺服器架構來說明資訊隱藏的概念，客戶端根據契約對伺服器提出一個請求，伺服器給予客戶端一個適當的回應，此時伺服器端提供客戶端所需的資訊、知識、或者運算，客戶端不需要知道伺服器端如何執行運算，只要能夠取得它所需的資訊即可，此時伺服器端對客戶端做運算方法的資訊隱藏。

5-7 保護變異（Protected Variation, PV）

保護變異是一個重要且基本的軟體設計原則 [Larman05]。設計一個物件、子系統、或系統時，針對其不穩定或者是容易變動的部分，不能對其他元件有非預期的影響，亦即，對於一個元件的設計，往後若有需求變動，其增加或修改的設計，不能對其他元件有不良的影響，Larman 定義變動有兩種：

- 變異點（variation point）：在已存在或現存的系統或需求中的變動。
- 改善點（evolution point）：將來可能產生的變動，但非現存的需求中要變動。

例如圖 5-8，原先的設計是百分比的折扣策略，之後可能增加其他未知種類的折扣策略之設計，但此設計不能影響到其他已經設計的價格策略元件，這種變動屬於一種「變異點」的變動。

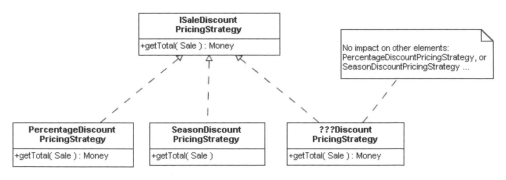

圖 5-8　保護變異的設計範例 - 價格策略

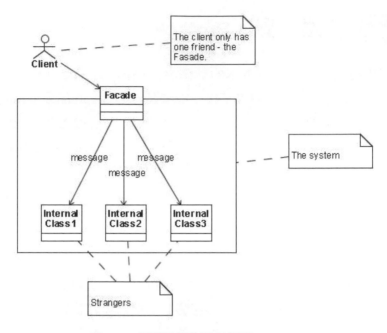

圖 5-9　保護變異的設計範例 -Facade

　　圖 5-9 是另一個保護變異的設計範例 -Facade，詳細運作原理請參閱設計
樣式一章。客戶元件透過一個統一介面 Facade 使用系統，統一介面將客戶的
需求、輸入訊息送給系統內部適當的類別元件，內部元件有任何變動修改均
不會影響到客戶，這類變動即屬於「改善點」的變動。

5-8　最小知識原則（Principle of Least Knowledge, PLK）

　　設計系統時必須注意類別的數量，並且避免製造出太多類別之間的耦合
關係。一個簡單的例子是，人可以命令一隻狗行走，但不要命令狗的腿行
走。人跟狗有關係，狗跟他的腿有關係，整個系統有兩個關係；若人又跟狗
的腿有關係，整個系統就會有三種關係。因此 Freeman 定義 PLK 為「只告訴

最接近的朋友」[Freeman04]，又稱為 "Law of Demeter"；Larman 即謂「不要跟陌生人交談」（Don't Talk to Strangers）[Larman05]。

```
class Register {
    private Sale sale;
    public void slightlyFragileMethod () {
        Money amount = sale.getPayment ().getTenderedAmount ();
    }
}
```

圖 5-10 **違反 PLK 的程式碼**

圖 5-10 是一個違反 PLK 的簡單程式碼 [Larman05]，其中指令：

```
sale.getPayment ().getTenderedAmount ()
```

如同人命令狗的腿行走一般，應該修改為：

```
sale.getTenderedAmountOfPayment ();
```

5-9　好萊塢原則（Hollywood Principle）

此原則指出高階元件（或父類別）要在何時、以及如何控制低階的元件（子類別），其意義是「不要叫我們，我們有需要將會叫你」（Don't call us, we'll call you），亦即低階元件從不直接呼叫高階元件，低階元件要掛勾住（hook into）系統中，但是何時以及如何需要該低階元件則由高階元件決定 [Freeman04]。在設計樣式中的 Factory Method，Template Method 與 Observer 將使用 Hollywood Principle。

5-10 開放關閉原則（Open Closed Principle, OCP）[33]

一個模組必須開放給往後任何的擴充和調整的設計，且關閉、或避免任何因為修改而影響到需要此模組的客戶。換言之，一個設計或程式碼必須允許增加新功能的類別，並且盡可能不要變更任何已經存在的程式碼。

OCP 和 PV 兩個原則是物件導向技術的核心，兩者是一體兩面卻各自有著重的設計點。OCP 強調的是保護變異點，已經存在設計的程式碼；關閉修改，意味著客戶程式不會因為需求功能變動而受影響。PV 強調的是變異和改善點的設計；變異點存在於目前的系統或是需求；改善點在於未來的設計，而不存在於目前的需求。

軟體模組必須具備三種功能 [Martin07]：

1. 當模組執行時必須呈現出所期望的運算功能，這也是模組存在的理由。

2. 模組必須要能夠被改變。幾乎所有的模組在其生命歷程中都需要改變，開發者的責任是使得這種改變越簡單越好。很難被改變的模組是殘缺的，即使它目前能正常執行，也必須加以修復。

3. 模組必須要跟讀者溝通，讀者可能是開發者或者維護者。不能溝通的模組是殘缺的，必須加以修復。

---

33 1988 年由 Bertrand Meyer 在他的著作 "Object-Oriented Software Construction" 提出。有人認為，OCP 是物件導向設計的指引信條，是否如此，讀者可自行判斷，不過 OCP 可說是物件導向設計中最重要的設計原則之一。

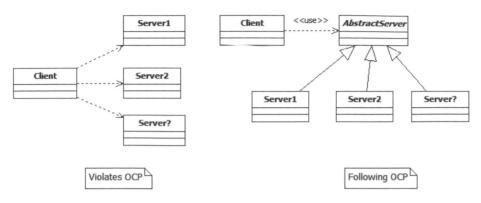

圖 5-11　開放關閉原則的軟體設計

比較圖 5-11 中兩個類別圖的設計 [Martin07]：

- 左邊的設計。若客戶端程式需使用不同的服務運算，則客戶端程式必須修改呼叫服務運算的名稱，如此將違反 OCP 原則，因為 OCP 不允許修改已經存在的程式。

- 右邊的設計。客戶端面對接觸的是抽象類別服務；如此一來，若客戶端需要使用不同的服務運算，就不需要變更服務呼叫的名稱。這樣的設計符合 OCP 原則，因為它可以增加新的服務需求，卻不需要修改原來存在的程式，只要使用抽象類別這個資料型態，產生所需要新的服務物件即可。

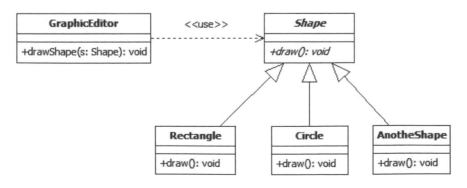

圖 5-12　開放關閉原則的軟體設計實例

圖 5-12 以一個簡單的繪圖程式說明 OCP 設計原則。一個繪圖編輯器類別要繪製不同形狀的圖形，呼叫形狀（Shape）抽象類別提供的抽象方法為統一服務介面。設計形狀類別的繼承架構，實作不同形狀的繪製子類別，例如矩形（Rectangle）、圓形（Circle）、或其他形狀。若要增加需求繪製新的形狀，則設計新的繪製形狀的子類別，達到 OCP 開放原則；如此並不會修改到原先已經存在的類別程式碼，滿足 OCP 的關閉原則。其程式碼如下所示。

```
abstract class Shape {
    abstract public void draw();
}
//draw the Rectangle
class Rectangle extends Shape {
    public void draw() {
    }
}
//draw the Circle
class Circle extends Shape {
    public void draw() {
    }
}
//draw another shape
......
```

使用 OCP 設計原則須要注意以下幾點：

1. OCP 雖然給軟體模組帶來彈性，同時也會增加設計的時間和人力成本，使用抽象層的類別和繼承架構增加程式碼的複雜性，多型的程式也增加測試的困難度。因此這個原則應該運用在可能常常需要改變的軟體系統上，亦即，PV 的改善點。

2. 設計上使用抽象類別和介面的簡單原則是，抽象類別提供抽象方法和實例方法；介面則單純提供抽象方法而沒有任何實作繼承。

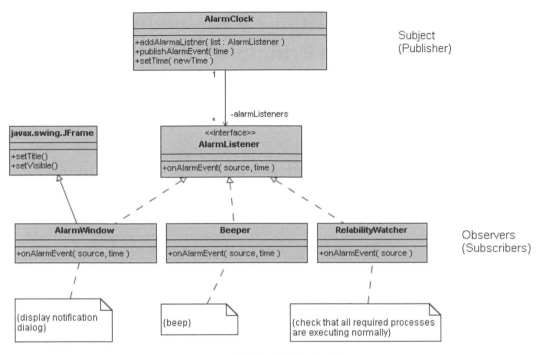

圖 5-13　開放關閉原則的軟體設計實例

　　有許多設計樣式均提供擴充程式碼，而不會改變已經存在的程式碼之
OCP 技 術， 例 如 Decorator、Factory Method、Observer、Template Method
等。圖 5-13 運用 Observer 設計樣式於訂閱不同警示事件，說明如何達
成 OCP 設計目的 [Larman05]。介面類別 AlarmListener 有 AlarmWindow、
Beeper 和 RelaibilityWatcher 等實例類別實作各種不同警示事件的傾聽者，
若有其他新的警示事件的需求，只要設計新的實例警示傾聽者類別，以實現
AlarmListener 宣告的統一服務介面即可。

依賴反向原則（Dependency Inversion Principle, DIP）

高階模組不應該依賴低階模組，兩者必須依賴抽象（即抽象層），抽象不能依賴細節，但細節必須依賴抽象 [34][Martin03]，抽象模組不應該根據低階模組來創造，這就是「依賴反向原則」的概念。Christopher Alexander 稱呼這樣的原則為「複雜化過程（complexification）」，意思是，軟體設計的程序開始於簡單高層次的概念（conceptual），慢慢的增加細節和特性，使得越來越複雜；如此，從高層次的模組開始，設計抽象層次，再設計低層詳細的模組。

複雜化過程或是依賴反轉，是設計樣式使用的基本核心設計原則，舉凡 Factory Method、Abstract Factory、Prototype、Template Method 等，詳細說明請參見第 6 章「軟體發展樣式」一章。以下說明好的設計（圖 5-14）與不好的設計（圖 5-15）之分別。

```
class Worker {
        public void work () {…..}
}
class SpecializedWorker {
      public void work () { …..}
}
class Company {
        Worker worker;
  public void setWorker (Worker w) {worker = w;}
  public void company () {worker.work ();}
}
```

---

34 "Abstractions shouldn't depend on details. Details should depend on abstraction" [Wirfs-Brock09]。

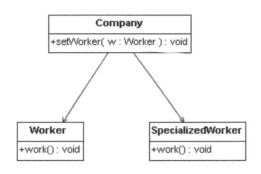

圖 5-14 違反 DIP 設計原則的範例

　　圖 5-14 是違反 DIP 設計原則的範例，假設公司（Company）模組是複雜的，且一開始使用工人（Worker）模組，如果公司因業務需要必須增聘具有高強能力或專長的員工（也許稱之為 SpecializedWorker 模組），則必須修改複雜的公司模組（即高層模組）的程式碼，這種修改將影響公司的模組結構，這樣就違反 DIP 原則，其程式碼如圖 5-15 所示。公司類別的控制層次比較高，不應該依賴比較低層次的工人模組。如果希望增加員工而不影響到公司模組，可以在公司模組與員工模組之間介入一種「抽象層」（abstract layer），公司模組與員工模組皆依存於這種抽象層，如此不論如何增聘員工都不致於影響公司模組本身，這種抽象層一般都是一種介面，亦即 IWorker 類別，如此針對公司模組的單元測試也不必重做，圖 6-9 顯示這種設計。

```
interface IWorker {
     public void work ();
}
class Worker implements IWorker {
     public void work () { …..}
}
class SpecializedWorker implements IWorker {
     public void work () { …..}
}
```

```
class Company {
    IWorker worker;
    publich void setWorker (IWorker w) {
        worker = w;
    }
    public void company () {
        worker.work (); }
}
```

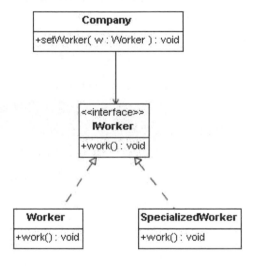

圖 5-15　遵循 DIP 設計原則的範例

　　由以上的範例，可以得出一些設計需要注意的地方：

1. 高層的模組不應該直接跟低層的模組互動工作，中間應該設計一個抽象層。

2. 使用 DIP 意味著增加設計的費用以及程式碼的複雜度，如果一個模組的功能在往後都不會變動，就不需要使用 DIP 設計原則。

3. 高層的抽象層含宏觀和重要商務邏輯，低層的實作層含實作相關演算法與次要商業邏輯，傳統程序性設計或錯誤類別規劃讓抽象層依賴實作層，DIP 可倒轉此現象，讓實作改變時，商業邏輯無須變動。

4. 低層實作層類別應該只實作介面（interface）或上層抽象層類別中的抽象功能，而不應設計多餘的功能。但某些實做類別相當穩定，不需為此設計抽象類別，例如 String。

5. 物件導向程式語言在建構物件時，一般方式會違背 DIP，例如 List employees = new Vector(); ，可使用抽象工廠設計樣式解決，但會產生過類別設計，設計樣式於第 6 章「軟體發展樣式」一章中討論。

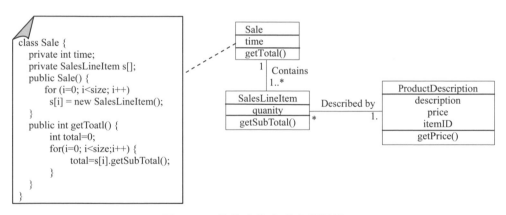

圖 5-16　物件合作完成商業邏輯

針對 "Copy" Example，可能寫出以下的 copy() 模組。

```
void Copy() {
    int c;
    while ((c = ReadKeyboard()) != EOF)
    WritePrinter(c);
}
```

這個程式看起來沒有什麼問題，但 copy 這個高階的動作模組卻依賴 ReadKeyBoard() 這個低階的動作模組。如果今天程式要輸出的對象是一個 printer，程式必須做一些修改，如下：

```
void Copy(outputDevice dev){
   int c;
   while ((c = ReadKeyboard()) != EOF)
      if (dev == printer) WritePrinter(c);
      else WriteDisk(c);
}
```

一般來說，所謂的 copy 是把資料從「來源」複製一份到「目的地」，這樣的政策是不會變的，不該因為目的地是 disk 或 printer 而有所改變。以下是一個符合 DIP 原則的程式：

```
abstract class Reader {
   public abstract int Read();
}
abstract class Writer  {
   public abstract void Write(char);
}
void Copy(Reader r, Writer w)  {
   int c;
   while((c=r.Read()) != EOF)
      w.Write(c);
}
```

在這個程式中，copy 牽涉到的來源與目的地分別是抽象的 Reader 和 Writer，如此就不會相依於 Printer, Scanner, Disk 等低階的物件模組。若今天想要輸出到 Disk，只要讓 Disk 去實作 Writer，再透過 dynamic binding 就可以達到上述的效果。

5-12 控制反轉（Inversion of Control, IoC）

　　資訊系統中任何一個使用案例，其業務邏輯至少需兩個或以上物件合作完成，例如圖 5-16，便利商店或大賣場一位顧客買完東西要結帳，結帳的業務邏輯功能（getTotal）由「銷售物件」（Sale）、「銷售細項商品物件」（Sales LineItem）、以及「商品描述物件」（Product Description）三個物件共同合作完成。「銷售物件」要計算此次結帳總共多少錢，要先取得每一項「銷售細項商品」的子總價（getSubTotal）- 即此商品價格 × 商品數量，而「銷售細項商品」會請「商品描述物件」提供價格功能（getPrice）。每個物件在使用合作物件時，要先使用該合作物件的建構子創造出該物件，如此將提高物件之間的耦合度。例如圖 6-16 左邊程式碼，「銷售物件」必須在自己的建構子呼叫「銷售細項商品」物件的建構子，這將增加兩個物件的關聯依賴程度，亦即耦合度。IoC 的概念主要是想解決這樣耦合性的問題。Java 的 Spring 架構和 .NET 的 MVC 架構都實作 IoC 解決方案，其中 Java 的 Spring 架構設計 Spring 容器實現這些相互依賴物件的創建的生命周期、關係協調工作。

　　例如大學畢業要找工作，一般情況是到處看哪一個公司有職缺，研究這家公司的薪水、加班情況、以及需要甚麼人才，想辦法投其所好進入這家公司，必須自己規劃和面對每個環節。傳統 Java 程式設計，在物件中若要使用其他物件，須自己 new 一個，或從 JNDI 中查詢，使用完後要將物件銷毀，物件會和其他的介面或類別耦合。IoC 機制像透過人力仲介、人力銀行或獵人頭公司找工作，在兩物件之間引入媒介。人力銀行管理很多尋找工作者和需要職缺的公司之相關資料。需要職缺公司和求職者向人力銀行提出要求條件，人力銀行依照要求媒介工作，求職者只需去面試即可。如果人力銀行給的人選或公司不符合要求，求職者或公司就會拋出異常。整個過程不由求職者控制，而是人力銀行以類似容器的機構控制整個過程。

所有類別都跟 spring 容器登記，告訴 spring 需求者資料，需要什麼東西，spring 在系統運行到適當時候，把要的東西主動給需求者，同時也把需求者交給其他物件需要的資料。所有類別創建、銷毀都由 spring 控制，控制物件生存週期不再是引用它的物件，而是 spring。對某具體物件，以前是它控制其他物件，現在是所有物件都被 spring 控制，因此稱為控制反轉。

IoC 機制在系統執行時，透過依賴注入（Dependence Injection, DI）動態向某物件提供它所需要的其他物件。例如「銷售物件」需操作「銷售細項商品物件」的取得每一個細項的總和（getSubTotal），之前要在「銷售物件」中撰寫程式獲得「銷售細項商品物件」。若使用 Spring 架構，則要在設定檔告訴 spring 容器，「銷售物件」中需一個「銷售細項商品物件」，至於這個「銷售細項商品物件」如何建構，何時建構，「銷售物件」不需知道。系統執行時，spring 容器會在適當時候製造一個「銷售細項商品物件」，像打針一樣，注射到「銷售物件」中，完成對各物件之間關係的控制。「銷售物件」需依賴「銷售細項商品物件」才能執行，這個「銷售細項商品物件」是由 spring 注入到「銷售物件」中。DI 的實現為利用 Java 反射機制（reflection）允許程式在執行時動態生成物件、執行物件方法、改變物件屬性，Spring 容器透過反射來實現注入。

DI 注入方式有分三種：建構子注入（Constructor Injection）、屬性注入（Setter Injection）、介面參數注入（Interface Injection）。

1. 建構子注入是最常用的方式，以「銷售細項商品物件」和「商品描述物件」為例，其程式碼如下：

```
class SalesLineItem {
    private int quanlity;
    private ProductionDescription obj;
    public void SalesLineItem (ProductionDescription obj, int n)
{
        this.obj = obj;
```

```
        quanlity = n;
    }
    public int getSubTotal() {
        return (n*obj.getPrice());
    }
}
```

2. 屬性注入適合相依物件需要和外部環境互動，以「銷售細項商品物件」
和「商品描述物件」為例，其程式碼如下：

```
class SalesLineItem {
    private int quanlity;
    private ProductionDescription obj;
    public void SalesLineItem (int n) {
        quanlity = n;
    }
    public void setProductionDescription(ProductionDescription p) {
        obj = p;
    }
    public int getSubTotal() {
        return (n*obj.getPrice());
    }
}
```

3. 介面參數注入，以「銷售細項商品物件」和「商品描述物件」為例，其
程式碼如下：

```
class SalesLineItem {
    private int quanlity;
    public void SalesLineItem (int n) {
        quanlity = n;
    }
    public int getSubTotal(ProductionDescription obj) {
        return (n*obj.getPrice());
    }
}
```

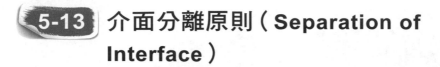

5-13 介面分離原則（Separation of Interface）

　　介面分離原則指導建議在物件設計時，客戶物件不該被迫相依於它不用的方法 [Martinoz][35]。在軟體設計時，採用多個分離的介面，比採用一個通用的涵蓋多個業務方法的介面要好。說明此原則之前，先以 Door 實例說明介面污染（interface pollution）的問題。

　　假設一個抽象類別 Door, 裡面定義 lock() 與 unlock(), isDoorOpen() 等方法，分別表示關門，開門，是否開著等功能：

```
abstract class Door {
   public abstract void Lock();
   public abstract void Unlock();
   public abstract boolean IsDoorOpen();
}
```

　　TimedDoor 是一個 Door 的子類別，當門開太久時，就會警告。Timer 是一個專門來做警告的類別，裡面有一個 register() 的方法，

```
class Timer {
   public void regsiter(int timeout, TimerClient client);
}
```

　　當 timeout 的時間到了，就會通知 client。如果有一個物件想要被通知，就可以呼叫 register 來做註冊，以便在 timeout 到時被通知。因為 TimedDoor 需要被通知，所以將它設計成 TimerClient 的子類別，但 TimedDoor 已經是 Door 的子類別了，在 Java 中無法做多重繼承。因此，有些設計者會讓 Door

---

35 參考文獻 [Martinoz]

繼承 TimerClient，如此一來，TimedDoor 自然成為 TimerClient 的子類別，編譯器與執行上都沒有錯誤。這樣的設計造成「Door 相依於 TimerClient」，如此的相依性是沒有道理的，也造成了介面污染。

假設 TimerClient 內有 timeout() 的抽象方法，Door 也需要時做此方法。

```
class TimerClient {
    public abstract  void timeout (int timeOutId);
}
class Door extends TimerClient {
    public abstract void TimeOut (int timeOutId) {
    }
}
```

一開始的設計者可能知道此方法僅是為了「讓編譯器通過」的權宜設計，但到了維護期，如果 timeout() 的介面有所更動而需要 Door 重新編寫時，維護者就不一定知道其意義為何，而造成困擾。

這個問題可以有兩個解決方法

- 把 TimerClient 設計成介面
- TimerDoor 透過委託的方式來呼叫 TimerClient

根據介面分離原則，當設計一個介面時，內部所包含的方法必須謹慎的考量，避免設計一個通用、包含很多方法的大介面。採用通用大介面通常會造成介面污染。當一個類別為了滿足其中一個方法而必須實作該介面時，就同時被迫實作其他的方法，而造成介面污染。簡單的說，介面分離原則建議：擁有許多方法的介面應該被分離不同的介面，每一個介面擁有一群緊密相關的方法，被一些特定的客端物件使用。

1. 設一簡單的電燈模型如下圖所示：

   如果需要增加其他電燈，則必須修改 Switch 類別（假設該類別十分複雜），如此就違反 DIP 原則，試問如何改進該模型？

2. 假如你要發展能工作的程式，而且保證該程式永遠能工作，但是有時候因某種特殊目的須要擴充該程式，但不能加以修改該已存在的程式，試問你如何達成這種目的？

3. 列舉五個物件導向設計原則。運用物件導向設計原則的目的為何？

4. 比較合成與繼承，各有什麼優缺點？

5. 芮氏替換原則為何？

6. 在建立類別繼承樹時要注意什麼？是不是有 AKO（a kind of）的關係就應該建立繼承關係？

7. 在軟體演進的過程中，變異點與改善點的含意為何？保護變異的原則為何？

8. 開放關閉原則的目的為何？這個原則與物件設計有和關係？

9. 當我們設計一個 Copy 的功能模組時，依據 DIP 原則，不應該牽涉到鍵盤與螢幕等物件，為什麼？該如何修正？

10. 介面分離原則的目的為何？

CHAPTER

軟體發展樣式

摘 要

軟體的複雜度一直是軟體工程極力想解決的問題。在傳統的程序導向系統中,軟體的複雜度是透過程序抽象(procedure abstraction)的方式來解決的,也就是說,將系統作功能性的切割,分成較小、容易處理的的單位;然而,程序性抽象的重用性(reusability)較差,較難以設計出高彈性(flexible)的系統。物件導向的設計概念以資料抽象(data abstraction)的方式來降低軟體的複雜度,可以開發出較有彈性、重用性較高的軟體系統。

開發物件導向的程式並非易事,要開發出高重用性的軟體更是困難。因此,Gamma 等人提出以設計樣式(design pattern)的方法來輔助物件導向軟體的開發 [GOF95]。設計樣式是將過去有經驗的程式設計者的設計經驗抽鍊、整理、包裝成特定的框架,用以解決系統設計上的特定問題,例如擴展性問題、維護性問題與重用性問題等。設計樣式的優點可綜合如下:

- 充分發揮物件導向的特性。物件導向為程式語言帶來極大的好處,可是由於其技術瓶頸並不低,許多人仍用物件導向的程式語言寫傳統的程序化方法。設計樣式大量的使用繼承、委託、多型、介面、抽象類別的概念,讓程式設計師可以透過設計樣式更了解物件的技術。

- 發揮知識管理的精神。設計樣式是一種程式設計師的知識管理,他們將特別的設計問題用一種較為抽象、可套用的方式呈現,以便後者可以引用、解決相類似的問題。將程式設計經驗抽離成設計樣式的過程就是一種將知識由內潛轉為外顯的動作。

為高品質的軟體提供一個機會,軟體品質從 1960 年提出軟體危機後受到極度的重視,不斷的研究投入到這個領域。設計樣式所提倡的概念即是高品質的軟體,它重視非功能需求,例如高維護性、高重用性、高模組化、高擴充性、高移植性等,並且為這些品質要求提供解決方案,讓程式設計師有依循的管道。

設計樣式起源於 Christopher Alexander,他發現建築時所遭遇的問題常常是不斷重複發生的,於是他將建築時候常遇見的這幾種問題分別搭配適合的解決方式,建立出一個良好的問題解決範本。軟體工程便將這樣的概念應

用在軟體設計的問題上，用以解決經常發生的困難問題上。設計樣式在軟體工程界真正的流行是在 Gamma 等四人（有人稱之為四人幫（Gang of Four；GoF））合著的 Design Patterns 一書 [GoF95] 發表後。書中將設計軟體時候常見的幾種問題抽離成 23 種設計樣式，實際的說明如何應用這些樣式解決物件設計上的問題，或是應用這些樣式建立高品質的軟體。因為這本書，物件的技術得以更精緻化，樣式的觀念也隨之風行。也由於這 23 個樣式受到普遍的採用，許多人便將這些樣式冠稱為 GoF 設計樣式。

6-1 設計樣式的結構

樣式可簡易定義為 "A solution to a problem in a context"（在某個情境下針對特定問題所提出的解決方案）。一般而言，每個設計樣式都會透過一個結構性的描述來描述它的使用情境、欲解決的問題及解決的方法。每個樣式包含下列四項元素：

- **樣式名稱**：用簡單易懂的命名來定義一個樣式，方便之後的溝通和使用。
- **問題描述**：紀錄這個樣式所解決的問題和所面對的問題背景環境。這個部份將會描述樣式的情境與問題。
- **解決方式**：詳細描述這個樣式內所使用到的技巧和元素，包含技術方法、元素結構及元素間的互動等。這個部份將會描述樣式的解決。
- **影響**：使用這個樣式後可能可以推論的相關問題解決，使用後的好處壞處等，提供後來使用者可以有一個作出評估選擇的了解。

GoF 設計樣式則擴充這四項，提供以下的項目以詳加說明樣式的使用：

- **目的（Intent）**：該設計樣式所預期達到之目標。
- **動機（Motivation）**：該設計樣式的背景資訊、使用動機。
- **應用時機（Applicability）**：該設計樣式的適用時機、環境與限制。

- 物件結構（Structure）：該設計樣式之組成物件及他們之間的關係。通常採用 UML 中的類別圖來描述。

- 參與者（Participants）：物件結構中每一物件所擔負之責任說明。

- 合作方式（Collaborations）：物件間相互合作之方法。通常採用 UML 中的互動圖來描述。

- 範例程式（Sample code）：簡單卻充足的範例來呈現該設計樣式之實作。通常使用 C++ 或 Java。

- 結論（Consequence）：該設計樣式的有缺點。

- 引用範例和過程（Known uses）：別名。

- 相關樣式（Related Patterns）：相關的樣式。

設計樣式的組成結構相當的符合知識管理架構。在 know what 方面，必須先了解設計樣式可以解決什麼問題；可以先翻看每一個樣式的使用目的、它的背景動機、它的使用時機等來分析有沒有樣式可以解決你的問題。在 know what 之後便是 know how – 了解如何引用這個設計樣式來解決你的問題。設計樣式中所提供的物件結構、相關參與者、他們的合作方式可以作為你設計的參考，透過這三者將系統的設計圖描繪出一個大致上的形狀。如果你實在不知道如何將這些組成物件實作出來，你還可以使用「範例程式」來協助。最後，仔細的研讀樣式使用上的優缺點來避免可能產生的問題。另外，樣式之間可能會有關係：例如複合樣式通常會與覆迴或拜訪者樣式合用；雛形樣式與抽象工廠功能類似，通常是兩者擇一採用。你可以在設計樣式的相關樣式一節中找到這個資訊。

6-2 設計樣式

表 6-1 列出 GoF 的 23 個設計樣式的簡要說明，由於數量很多，本章僅就其中幾個重要的設計樣式做比較詳細的說明，如果讀者有興趣，可以找專門講解設計樣的書籍來閱讀。

表 6-1　設計樣式概述

樣式名稱	說明
抽象工廠 （Abstract Factory）	在不需要指定明確的類別下，提供一個介面以建立一群相關的物件。因此，當系統預建立新的一群物件時，不需要改變既有的程式碼，只需擴充原來的類別即可。
建築者（Builder）	將一個複雜物件的建構與其表達分開，藉此，相同的建構程序可以用在不同的表達上，提供擴充上的彈性。
工廠方法 （Factory Method）	定義一介面以生成物件，但將其生成延遲給子類別來作決定。
雛形（Prototype）	當直接生成物件的成本過高時，利用複製現有雛型實例的方式建立物件，而非採用生成的方法。
單例（Singleton）	確保一個類別只會生成單一的物件。
轉接器（Adaptor）	在不修改既有介面的情況下將一介面轉成另一個介面，藉以整合不同的物件。
橋接（Bridge）	將介面與實作分離，藉以提供介面與實作組合的多樣性。
複合（Composite）	將物件組合成樹狀的結構並同時具備部分-全部的包含關係。組合的結構讓客端的物件以相同的介面來看待個別物件與複合物件，藉此簡化客端物件與服務端物件的的耦合力。
裝飾品（Decorator）	動態的增加物件的功能。相對於用繼承的方式來擴充功能，裝飾品提供更彈性的方法來擴充物件的功能。
門戶（Façade）	為一個子系統內眾多的服務提供一個統一的介面，藉以降低子系統間的耦合力。
輕量（Flyweight）	使用分享的方式來協助有效的管理輕量級物件的資源。
代理人（Proxy）	為某一物件提供一個中介控制的介面，以過濾對該物件的存取。

樣式名稱	說明
責任鏈（Chain of Responsibility）	避免將一個要求的提出者與接受者直接連結以降低他們之間的耦合力。責任鏈允許多個物件處理一個相同的要求。要求會在責任鏈中傳遞直至真正可以處理該要求的物件。
命令（Command）	將物件的需求封裝為一個類別，藉此提供更彈性的操作。例如將請求作排隊處理（queue）及提供請求回覆（undo）的功能。
解析器（Interpreter）	針對一個語言，提供該語言文法的表達法，以便於解析該語言內的結構與子句。
覆迴（Iterator）	提供一個較安全的方式以循序性的存取複合物件的內容－存取者不會知曉複合物件的內部的細節。
調停者（Mediator）	將物件的互動封裝為一個物件，藉以降低這群物件之間的耦合力。
紀念品（Memento）	在不破壞封裝性的前提下，紀錄並外顯化物件的狀態，以便該物件在之後可以回覆該狀態。
觀察者（Observer）	當一群物件間有一對多的相依關係時，當被依者物件的資料改變時，會通知其他依靠者物件以作出回應。
狀態（State）	將物件的狀態自物件本身獨立出來，以提高物件行為變化的彈性。
策略（Strategy）	將演算法自其使用者中獨立出來，藉此提高該演算法使用上的彈性。亦即，演算法的使用者可以在不修改自身程式的情況下更換演算法。
樣板方法（Template Method）	定義一個方法演算法的結構為若干個步驟的組合，但將每個步驟的真實演算法延遲到子類別定義，藉此提高演算法變化的彈性。
拜訪者（Visitor）	將方法自其會運作的物件中獨立出來，藉此，避免新增方法時對該物件結構作的改變。

6-3 設計樣式的分類

　　GoF 設計樣式可以由兩個層面來剖析與分類：用途（purpose）與範圍（scope）。從用途來看，設計樣式可以分為生成（creational）用途、結構（structural）用途與行為（behavioral）用途；生成型的設計樣式抽象化生成的過程，結構型的樣式考慮類別和物件如何組成更大的結構，而行為型的樣式考慮物件間的責任分配以及互動的方式。從範圍來看，設計樣式可以分為類別範圍與物件範圍。類別型的樣式主要考慮以繼承的方式來組合物件或解決問題，而物件型的樣式則以組合（compostion）方式來組合物件或解決問題。儘管如此，並不是表示物件型的樣式就不會用到繼承的技巧，事實上絕大部分的物件型樣式都是繼承與組合同時採用，只不過它們的重點在於組合，而非繼承。表 6-2 為此分類下的設計樣式整理。

表 6-2　GoF 樣式的分類

用途 ＼ 範圍	類別	物件
生成	將部分物件的生成延遲到子類別決定。 設計樣式：抽象工廠。	將部分物件的生成委託給其他物件生成。 設計樣式：建築者、工廠方法、雛形、單例。
結構	使用繼承來組合介面或是實作。 設計樣式：轉接器。	使用物件組合實現新的功能及彈性，使得 run-time 時可以更改物件間的組合。 設計樣式：橋接器、複合、裝飾、外觀、輕量化、代理人。
行為	使用繼承來分配類別間的行為。 設計樣式：解譯、樣板方法。	採用物件間的組合而非繼承，描述一群對等的物件如何協同合作以完成工作。 設計樣式：責任鏈、命令、策略、訪問、覆迴、調停、紀念品、觀察者、狀態。

抽象工廠（abstract factory）

目的

提供一個介面物件以建立一群相關的物件，但卻不明確的指明這些物件的所屬類別，用以增加建立這些物件時的彈性。

動機

考慮一個 Computer 的物件在運作的時候需要用到 CPU、Memory、MotherBoard 等零件物件。如果我們在方法 op1() 中產生這些零件物件，如下

```
class Computer {
   void op1() {
      cpu = new Document();
      memory = new Memory();
      mb = new MotherBoard();
   }
}
```

則日後 Computer 物件想建立不同型態的零件物件（例如工作站 CPU、工作站 Memory、工作站主機板）時，則必須修改 op1() 方法，如下：

```
cpu = new WorkStationCPU();
memory = new WorkStationMemory();
mb = new WorkStationMainBoard();
```

這樣的缺點是如果我們每一次有新的電腦類別產生時就必須修改程式（op1()）一次，造成維護的負擔。我們可以將生成這一群零件物件的的動作抽象為一個工廠類別，當日後有新的文件物件產出時，只要擴充這個工廠類別即可，不需要修改原程式的程式碼。

結構

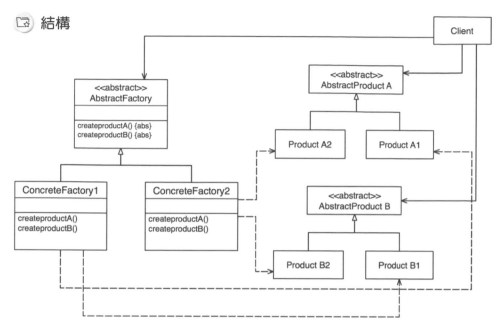

圖 6-1　抽象工廠之結構

　　抽象生成工廠的特色是系統可以拆解分成幾個家族，每個家族內有一些相近的成員類別。圖為抽象生成工廠的架構圖，其中 ConcreteFactory1 與 ConcreteFactory2 為兩個不同的家族，每個家族在運作時，都會用到 ProductA 與 ProducetB 等成員物件，但前者會用到 ProductA1 與 ProductB1，而後者會用到 ProductA2 與 ProductB2。

參與者

- **抽象工廠（AbstractFactory）**：宣告一個介面，宣告生成零件物件的方法。
- **實體工廠（ConcreteFactory）**：實際負責生產的物件。一個實體工廠負責生成一個家族的所有零件物件。
- **抽象產品（AbstractProduct）**：宣告某項零件物件的共同性質。
- **實體產品（ConcreteProduct）**：實際存在的零件類別。

■ 使用者（Client）：使用者。實際需要遇到抽象工廠所產生的零件物件的
物件。

應用時機

當系統的目標是生產具有許多類似的物件時，又有動態配置產品的需求
時。

效益

抽象生成工廠最大的好處在於簡化家族間的切換。當系統想要使用某個
家族類別時，只要傳入該家族類別的生成工廠即可，整個家族類別所需要的
成員類別可以依序建立以供使用。比起 Factory Method 將生產只是包裝成一
個方法，在 Abstract Factory 中，則是將生產包裝成一個一個的類別，更能夠
表示出一個工廠生產產品的特性。

實例

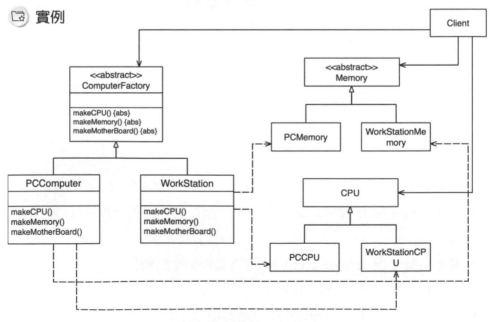

圖 6-2　採用抽象工廠的設計

以上述的 PC 為例，來說明用 Abstract Factory 如何設計。

```
/** ComputerFactory 是一個抽象的類別，主要在宣告可以生成的零件物件為 CPU,
Memory, MotherBoard。*/
abstract class ComputerFactory {
    public CPU makeCPU();
    public Memory makeMemory();
    public MotherBoard makeMotherBoard();
}
//ComputerMaker 為 client，呼叫工廠物件來進行生產
class ComputerMaker {
    // 帶入工廠物件 ComputerFactory, 不同形態的 factory 會產生不同系列的電腦
    public void createComputer(ComputerFactory factory) {
        // 使用 factory 來產生所有的零件物件
        CPU cpu = factory.makeCPU();
        Memory memory = factory.makeMemory();
        MotherBoard mb = factory.makeMotherBoard();
    }
}
class WorkstationFactory extends ComputerFactory {
    public CPU makeCPU() {
        return new WorkstationCPU();
    }
    public Memory makeMemory() {
        return new WorkstationMemory();
    }
    public MotherBoard makeMotherBoard() {
        return new WorkstationMotherBoard();
    }
}
class PCFactory extends ComputerFactory {
    public CPU makeCPU() {
        return new PCCPU();
    }
    public Memory makeMemory() {
        return new PCMemory();
    }
    public MotherBoard makeMotherBoard() {
        return new PCMotherBoard();
    }
}
```

請注意 Workstation 的各零件是都是 Computer 的子類別

```
class WorkstationCPU extends CPU {... }
class WorkstationMemory extends Memory {...}
class WorkstationMotherBoard extends MotherBoard {...}
```

當我們想要生產 workstation 時，只要帶入 WorkstationFactory 就好了：

```
ComputerFactory factory = new WorkstationFactory();
computer.createComputer(factory);
```

如果要生產 PC，則帶入 PCFactory;

```
ComputerFactory factory = new PCFactory();
computer.createComputer(factory);
```

轉換器（adapter）

目的

在不修改既有介面的情況下將一介面轉成另一個介面，藉以整合不同的物件。

動機

大家都有要將三孔插頭插入二孔插座時的困擾吧！怎麼辦呢？除了將多餘的一角拔掉外，可以買一個三轉二的轉接器來做調整。在軟體的設計上，也常遇到過同樣的問題。

物件 A 在某個環境下使用介面 IF1 來達成某個功能，但換到另一個環境時，提供相同功能的物件 B 的介面卻不是 IF1，而是另一個不同的 IF2。在不修改 A 物件的呼叫與 B 物件的介面時（正如同我們不願修改插頭與插座），我們如何能讓物件 A 正確的呼叫到該功能？

有時候在引用一些類別介面時，有些功能無法引用，是因為介面不相容，可能有原始碼但卻不想更動到它的原始結構，或是並不知道它的原始碼，只知道它的操作方式。這時候使用轉接器（Adapter）設計樣式，做一個轉接的代理接口，就能讓兩個原本不相容的介面接合在一起。

結構

Adapter 所以分為 2 種，一為類別轉接器（class adaptor），一為物件轉接器（object adaptor）。前者使用繼承（inheritance）的技巧，而後者使用委託（delegation）的技巧。

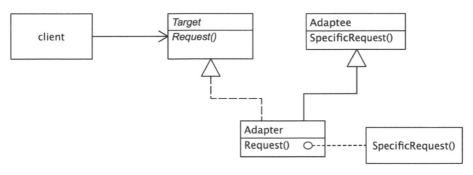

圖 6-3　類別轉換器

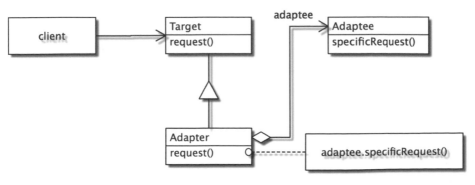

圖 6-4　物件轉換器

應用時機

當想使用手邊已存在的類別時，但它的介面並不相容於你所預期的樣式，或是想發展一個可以 Reuse 的類別，讓它能夠和不相容介面相互合作。

效益

- **類別轉接器**：如果 Adaptee（預期轉換端）是一個非 Java 介面的類別，那便無法轉接一個類別和它子類別，那 Adapter 類別是一個 Adaptee 的子類別。

- **物件轉接器**：讓單一 Adapter 能夠和 Adaptee 自身和其子類別一起工作。

實例

考慮一個 VectorUtility 類別，提供一個 copy 的功能，可以將某個 Vector 複製到另一個 Vector，但前提是 Vector 內的元素必須符合 isCopyable 的介面：

```java
class VectorUtility {
    public static Vector copy(Vector vin) {
    Vector vout = new Vector();
    Enumeration e = new vin.elements();
    while (e.hasMoreElements()) {
        Copyable c = (Copyable)e.nextElement();
        if (c.iscopyable)
            vout.addElement(c);
        }
    }
}
```

例如 Book 符合 Copyable 的介面，則 VectorUtility 就可以複製一個以 Book 建立的 Vector：

```
Vector v = new Vector();
v.add(new Book("b1"));
v.add(new Book("b2"));
VectorUtility vu = new VectorUtility();
Vector v2 = vu.copy(v);
```

若要複製的物件是 student，但 student 並不支援 Copyable 介面，但提供一個相似的功能介面 isValid()。如何能讓 VectorUtility 也可以來 copy student 的 Vector 呢？

看看 Adapter 如何幫忙吧！

```
public class StudentAdapter implements Copyable {
    private Student s;
    public StudentAdapter(Student s) {
        this.s = s;
    }
    public boolean isCopyable() {
        return s.isValid();
    }
}
```

而使用 VectorUtility 來 copy 的方式如下：

```
Vector v = new Vector();
v.add(new StudentAdapter(new Student("s1")));
v.add(new StudentAdapter(new Student("s2")));
VectorUtility vu = new VectorUtility();
Vector v2 = vu.copy(v);
```

請注意 Vector 內加的物件是一個 StudentAdapter，如此才可以給 VectorUtility 判斷是否可 copy。可能大家會有疑問：Vector 內放一群 StudentAdapter 作什麼？其目的應該是放一群 Student？別忘了 StudentAdapter

內有一個 private 物件 Student，只要宣告一個介面讓外界取得到就好了。因此，將 StudentAdapter 修改如下：

```
class StudentAdapter {
   private Student s;
   public StudentAdapter(Student s) {
      this.s = s;
   }
   public boolean isCopyable() {
      return s.isValid();
   }
   public Student getStudent() {
      return s;
   }
}
```

裝飾品（decorator）

目的

　　提供軟體發展一個彈性擴充的方式，能夠動態的加入功能而不至於影響到其他物件和主體結構。

動機

　　在一般系統中，除了主要的功能外，常常會有一些選擇性的功能搭配，這些選擇性的功能只是點綴性質的需求，如果要搭配上主系統會複雜化系統架構必須撰寫每一種搭配的結構，使得系統的維護性和品質都降低。因此，裝飾品設計樣式便是一個解決方式，將這些點綴的功能物件另外包裝，透過動態生成的方式在執行期（runtime）的時候才進行搭配，提高搭配的彈性，進而減少系統架構的複雜度，提昇軟體發展的品質。

結構

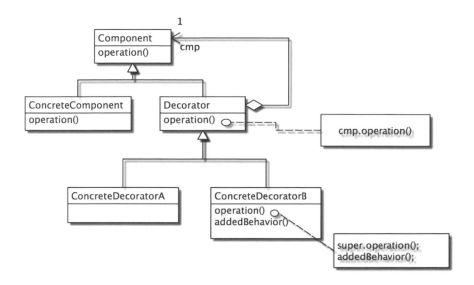

圖 6-5　裝飾品樣式結構圖

參與者

- Component：系統內元件的配置管理。

- ConcreteComponet：系統內主要的功能元件。

- Decorator：功能元件的裝飾品管理，管理每一個裝飾品功能物件，使它們能夠動態生成的方式加入到系統中。

- ConcreteDecorator A，ConcreteDecorator B：實際生成的裝飾品功能物件。

應用時機

　　當透過繼承來新增物件的功能不實際，或會產生過多的物件時，可以使用裝飾品樣式來動態的新增物件功能。

效益

透過裝飾品設計樣式，可以讓功能需求像是裝飾品一樣動態的加到系統中，而不會影響到系統本體結構，不會讓架構變的複雜，透過功能包裝成物件的方式可以讓架構更清晰，所屬物件負責工作更明確，進而提昇軟體品質。

實例

熟悉 Java I/O 的讀者對 Decorator 應該有似曾相識的感覺吧！我們先看 Input Stream 的類別圖：

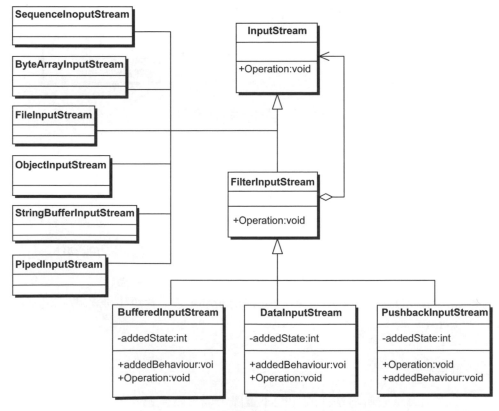

圖 6-6　Java I/O 套用 Decorator 的結構圖

在 Java I/O 中 InputStream 和 OutPutStream 都有 BufferredStream、Data Stream、PushbackStream 的功能需求,但是如果靜態的生成方式必須作出 $2^3=8$ 種不同搭配的類型,這樣讓系統架構變得很複雜龐大,修改維護上更是麻煩。

因此 Java I/O 的結構使用裝飾品樣式去解決這樣的問題,FilterInputStream 的角色就相當於圖 6-5 中的 Decorator,而 BufferredInput Stream,DataInputStream,PushbackStream 等為 InputStream 類別的裝飾品:

- BufferredInputStream:支援 buffering 的功能
- DataInputStream:I/O 支援 JAVA 基本型態
- PushbackInputStream:支援 undo 的功能

下列說明 InputStream 的用法:

```
// 建立一個基本的檔案輸入通道
FileInputStream fin = new FileInputStream ("decorator.txt") ;
// 建立一個支援 buffering 的檔案輸入通道 - 擴充 fin
BufferredInputStream bfin = new BufferredStream (fin) ;
// 建立一個支援 buffering 及 undo 的檔案輸入通道 - 擴充 bfin
PushbackInputStream pbfin = new PushBackInputStream (bfin);
```

如果一開始就想建立一個支援 buffering 及 undo 的檔案輸入通道,可以簡化的寫:

```
PashBackInputStream in = new PushBackInputStream (
new Bufferred InputStream (
new FileInputStream ("decorator.txt"))) ;
```

請注意:當骨幹建立以後,各點綴品的建立並沒有先作之別。也就是說,你可以先建立 pushback 的功能再建立 bufferring 的功能。因此上式可以改寫成:

```
in = new BufferedInputStream (
new PushBackInputStream (
new FileInputStream ("decorator.txt"))) ;
```

觀察者（Observer）

目的

定義一個「一對多」的相依關係，使得當「一」的物件狀態改變時，所有相依於「一」的「多」物件會被通知到並作適當的修改。

動機

考慮一個股票資料（如圖 6-7）有三種呈現方式，股價及成交量每五秒會修改一次，其相關的呈現方式也要跟著改變，如何用一個架構輕易達到這個目的呢？答案是 Observer 設計模式。在 Observer 中，像股價等資料通常被稱為被觀察者（observable）或主體（Subject），而三種呈現方式則稱為觀察者（Observer）。

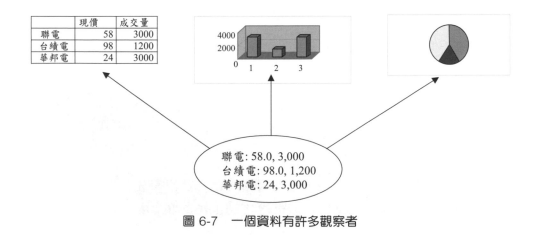

圖 6-7　一個資料有許多觀察者

結構

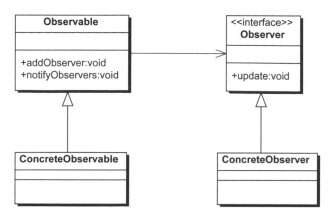

圖 6-8 觀察者樣式結構圖

參與者

- Observable：定義一個有多個觀察者的資料的基本資料型態與介面。其中的 addObserver() 表示加入一個新的 observer，而 notifyObserver() 表示要通知所有與其相關的觀察者。
- ConcreteObservable：實際的被觀察者。
- Observer：定義一個觀察者的基本結構與介面，其中的 update() 給觀察者收到被觀察者資料異動訊息時的處理程序。
- ConcreteObserver：實際的觀察者。

應用時機

當後端資料有所變更，有必須即時的更新前端資料呈現之需求。

效益

分離了資料模組與呈現模組使得溝通能夠更容易廣泛的被應用，當資料變更不需觀察者做出更新動作才能更新，保持資料呈現的一致性。

📇 實例

為了說明 Observer 的架構，我們先以一個簡單的例子說明：有一個 Fruit 的資料類別，紀錄一個水果的價格與數量。有一個觀察者專注在水果的價格變化上，另一個觀察者則是重在水果的數量變化上。每當 Fruit 中的價格或數量變化時必須馬上反映在各別觀察者上。

水果價格即時通知變更系統設計程式：

```java
import java.util.*;
class Fruit extends Observable {
    private String name;
    private float price; // 水果的價格
    private int amount;   // 水果的數量
    public Fruit(String name,float price,int amount) {
        this.name = name;
        this.price = price;
        this.amount = amount;
        System.out.println(" 建立 --" + name + "，價格 ="+ price+"
        ，數量 = "+amount);
    }
    public String getName() {return name;}
    public float getPrice() {return price;}
    // 當 amount 變化時要通知所有的觀察者
    public void setAmount(int amount) {
        this.amount = amount;
        setChanged();
        notifyObservers (new Integer(amount));
    }
    // 當 price 變化時要通知所有的觀察者
    public void setPrice(float price) {
        this.price = price;
        setChanged();
        notifyObservers(new Float(price));
    }
}
```

在程式的第 1 行，Fruit 所 extends 的 Observable 是 JAVA 為 Observer 設計模式所量身訂做的類別，其主要的方法如下：

- notifyObservers：通知所有的觀察者
- addObserver：加入一個觀察者

第 17 行的 setAmount 與第 23 行的 setPrice 分別呼叫到 notifyObservers()，因為被觀察者想在數量或價格變動的時候，通知所有的觀察者。

水果價格觀察者變更處理程式：

```java
// 觀察者一：主要 focus 在 amount 的變化
import java.util.*;
class AmountObserver implements Observer {
    private int amount;
    public AmountObserver() {
        amount=0;
        System.out.println(" 數量觀察者建立，數量為 " + amount);
    }
    // 收到變化通知時的處理
    public void update(Observable obj,Object arg) {
        if (arg instanceof Integer) {
            amount = ((Integer)arg).intValue();
            System.out.println(" 數量修改為 " + amount);
        }
    }
}
// 觀察者二：price 的觀察者
import java.util.*;
class PriceObserver implements Observer {
    private float price;
    public PriceObserver() {
        price = 0;
        System.out.println(" 價格觀察者建立，價格為 " + price);
    }
    // 收到變化通知時的處理
    public void update(Observable obj,Object arg) {
```

```
        if (arg instanceof Float) {
            price = ((Float)arg).floatValue();
            System.out.println("價格修改為 " + price);
        }
    }
}
```

請注意，AmountObserver 與 PriceObserver 二者皆實作 Observer。Observer 是 JAVA 所定義的介面，其中包含了唯一的 method－update()。當 Observable 物件執行 notifyObserver 時，所有參與的觀察者的 update 就會被呼叫執行。

觀察者註冊之處理程式：

```
import java.util.*;
public class TestObserver {
    public static void main(String args[]) {
        // 建立一個被觀察者物件
        Fruit s = new Fruit("蘋果",1.29f,12);
        AmountObserver amoutObs = new AmountObserver();
        PriceObserver priceObs = new PriceObserver();
        // 加入觀察者 ( 觀察者向被觀察者註冊 )
        s.addObserver(amoutObs);
        s.addObserver(priceObs);
        // 以下對價格與數量作一些修改
        s.setAmount(48);
        s.setPrice(4.57f);
    }
}
```

程式執行結果為：

```
建立 -- 蘋果，價格 =1.29，數量 = 12
數量觀察者建立，數量為 0
價格觀察者建立，價格為 0.0
數量修改為 48
價格修改為 4.57
```

各位請注意我們在主程式中並呼叫任何 Observer 的 update()，但由執行結果來看，AmountObserver 與 PriceObserver 的確有執行，這是因為 Observable 執行 setAmount()、setPrice 造成的結果。

我們用 UML 來觀察本例之類別結構：

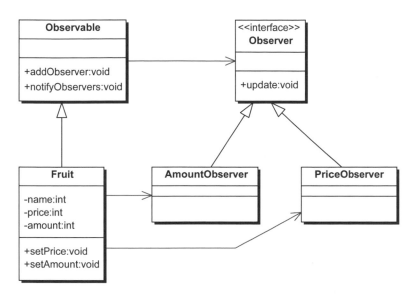

圖 6-9　水果價格即時呈現系統 UML 類別圖

請將此圖與圖 6-8 比較。

由 TestObserver 中的 main() 可以了解如何使用與規劃 Observer 設計樣式：

1. 產生 observable 物件

2. 產生 observer 物件

3. observer 向 observable 註冊（addObserver() 就是一種註冊）

4. observable 的狀態改變了，透過 notifyObservers 通知所有的 observer

5. observer 執行 update() 以回應 observable 狀態的改變

　　由於 JAVA 中不允許有多重繼承的存在，若原來的被觀察者早就已
繼承某個類別了，那它如何再繼承 Observable 呢？我們可以應用 " 委託 "
（Delegated）的設計技巧。

　　因為 Fruit 本身已有繼承 Plant，所以我們無法讓它再繼承 Observable，
但我們可以用委託的技巧，在 Fruit 中放一個 private 的 Observable 物件 obs，
任何關於 Observable 應作的事全委託給 obs 來做。程式碼修改如下：

📇 使用 delegation 表達多重繼承概念

```java
import java.util.*;
class Fruit2 extends Plant {
    private DelegatedObservable obs;
    private String name;
    private float price; // 水果的價格
    private int amount;   // 水果的數量
    public Fruit2(String name, float price,int amount) {
        obs = new DelegatedObservable();
        this.name = name;
        this.price = price;
        this.amount = amount;
        System.out.println(" 建立 --" + name + " ，價格 ="+ price+"
        ，數量 = "+amount);
    }
    public String getName() {return name;}
    public float getPrice() {return price;}
    // 當 amount 變化時要通知所有的觀察者
    public void setAmount(int amount) {
        this.amount = amount;
        obs.setChanged();
        obs.notifyObservers (new Integer(amount));
    }
    // 當 price 變化時要通知所有的觀察者
    public void setPrice(float price) {
        this.price = price;
```

```
      obs.setChanged();
      obs.notifyObservers(new Float(price));
   }
   public void addObserver(Observer ob) {
      obs.addObserver(ob);
   }
   public void notifyObservers() {
      obs.notifyObservers();
   }
}
```

用粗體字標示的是與前一版的 Fruit 不同之處，各位應發現我們已將所有的工作改由 obs 來做。為什麼 obs 的型態不是 Observer 而是 DelegatedObserver 呢？這是因為我們在程式中用到 setChanged() 在 Observable 中是宣告為 protected，所以 Fruit2 並不能直接呼叫，所以我們新建一個 DelegatedObservable 將 setChanged() 與 clearChanged() 公開為 public。DelegatedObservable 程式碼如下：

DelegatedObservable 之設計

```
import java.util.*;
public class DelegatedObservable extends Observable{
   public void clearChanged() { super.clearChanged(); }
   public void setChanged() { super.setChanged();}
}
```

完成後，TestObserver 並不需要修改任何程式就可以運作的如前例一般了。所以在 JAVA 中利用繼承與委託都可以達到實作 Observer 的功能：

🗒 TestObserver 之設計

```
import java.util.*;
public class TestObserver2 {
    public static void main(String args[]) {
    // 建立一個被觀察者物件
    Fruit2 s = new Fruit2(" 蘋果 ", 1.29f, 12);
    AmountObserver amoutObs = new AmountObserver();
    PriceObserver priceObs = new PriceObserver();
    // 加入觀察者 ( 觀察者向被觀察者註冊 )
    s.addObserver(amoutObs);
    s.addObserver(priceObs);
    // 以下對價格與數量作一些修改
    s.setAmount(48);
    s.setPrice(4.57f);
    }
}
```

狀態（state）

🗒 目的

　　將所有關於狀態的資訊與動作都包裝在一個狀態內，使物件的狀態較易擴充或修改。

🗒 動機

　　物件的行為通常取決於其內部的狀態。也就說，物件在不同的狀態時收到相同的訊息時，有可能會做出不同的動作（即執行不同的 operation）。因此，狀態是設計方法時的一種重要考量。在大部分的情況時，狀態的作用只隱含在程式，不會特別的出現在程式的結構。在物件導向的系統分析，我們常常使用狀態來表現物件的行為。不過這也有例外，本章為各位介紹 State 設計樣式，就是特別將物件的狀態抽離出來成為一個類別。讓我們來看看這個設計樣式吧。

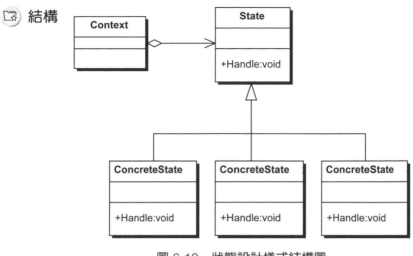

圖 6-10　狀態設計樣式結構圖

參與者

- State：所有狀態類別的抽象父類別，用以定義狀態能夠接收的事件。

- Context：具有該狀態的物件或情境。

- ContextState：真實的狀態。方法 Handle() 將會是定義此狀態在執行 Handle() 後所到達的新狀態。

應用時機

　　某一個事件處理有大量的條件式，且其判斷都取決於物件的狀態時，可使用此設計樣式。State 設計樣式將每一個判斷獨立成一個類別。

效益

- 優點：

  - 將某個狀態的所有相關行為記錄在一個物件內。

  - 可以避免用一大堆的 switch/if 來做狀態行為的轉換。

  - 方便修改每一個狀態行為物件。

- 方便動態增加狀態行為物件。
- 更容易瞭解每一個狀態行為的意義。
■ 缺點：
- 會造成較多的物件去陳述各種狀態行為。

假設某個類別 StateClass 有三個狀態 S1、S2，S3，並具備以下的狀態轉移（行為）：

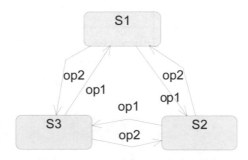

圖 6-11　StateClass 的狀態轉移圖

在非 State 樣式下，我們通常用一整數（或字串）代表狀態，狀態的轉移隱含在方法中：

簡單的狀態轉移設計程式

```
class StateClass{
int S;// 代表狀態的整數
public void op1(){
   if (S==S1)
      S=S2;
   else if (S==S2)
      S=S3;
   else if (S==S3)
      S=S1;
}
```

```
public void op2(){
   if (S==S1)
      S=S3;
   else if(S==S2)
      S=S1;
   else if(S==S3)
      S=S2;
}
```

　　如之前所言，這樣的方式有太多的 if 條件式，我們可以用 State 設計樣式來解決這個問題。

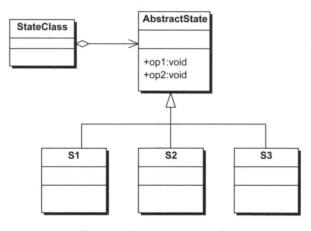

圖 6-12　使用 State 設計樣式

🔲 抽象狀態設計程式

```
abstract public class AbstractState{
      public abstract void op1(StateClass c);
      public abstract void op2(StateClass c);
}
```

而其狀態類別則可宣告如下：

📇 S1 設計：

```
public class S1 extends AbstractState{
    public void op1(StateClass s){
        s.setState(new S2());
    }
    public void op2(StateClass s){
        s.setState(new S3());
    }
}
```

📇 S2 設計：

```
public class S2 extends AbstractState{
    public void op1{StateClass s}
        s.setState(new s3());
    }
    public void op2(StateClass s){
        s.setState(new s1());
    }
}
```

我們在 AbstractState 中定義所有可能（與狀態相關）的方法，並讓各個不同的子類別（狀態）依照它們的狀態轉移來覆載對事件處理方法的定義。例如 S1 中的 op1() 將會建立一個新的狀態 S2，這是因為 S1 接收 op1 後會到 S2 所致。

📑 **實例**

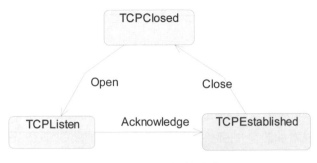

圖 6-13　TCP 狀態轉移圖

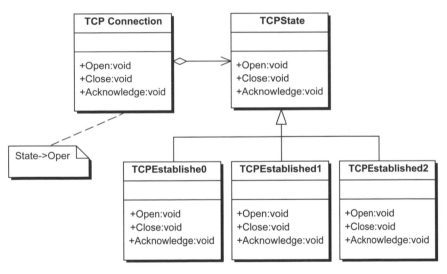

圖 6-14　使用 State 設計樣式設計 TCP 類別圖

　　TCP 傳輸控制協定的主要工作就是負責傳送與接收網路通訊過程的資料串，當接收到一個傳送資料的命令時，TCP 會建立網路要求，並將資料串分割成等長的數據封包，當獲得通訊認可時便將封包逐一傳出，並且監控目前網路狀態，必要的時候會暫停傳輸、重組封包、更換傳輸路徑等。

在 TCP 的連接控制的部分有許多的狀態處理動作，為了描述容易，我們只提出主要的三個狀態做為例子以描述 State 設計樣式的作用。這三個狀態分別是 Established、Listen、Closed，這些狀態會隨著方法的運作而作狀態的切換。我們也簡約的只定了三個方法：open、close、acknowledge。狀態的轉移如圖 6-14 所示，當 TCP 在 Closed 狀態接收到 open 的訊息後會轉移到 Listen 的狀態，等待客端的連接；在 Listen 時接收到 acknowledge 訊息後就會轉到建立狀態：Established。我們可以用 State 設計樣式將每一個狀態判斷獨立成一個個的類別以增加設計的彈性。首先建立一個抽象的 TCPState 類別，描述會影響狀態改變的方法（open、close、acknowledge），接下來再讓每一個狀態擴充 TCPState 以描述各自的轉態轉移。

抽象 TCPsatte 類別設計程式

```
abstract public class TCPState{
    public abstract void Open(TCPConnection c);
    public abstract void Close(TCPConnection c);
public abstract void Acknowledge(TCPConnection c);
}
```

使用 State DP 使其狀態類別可以宣告如下：

相關 TCP 狀態設計程式

```
public class TCPClosed extends TCPState{
    //TCPClosed 的狀態對 close 事件沒有任何反應
    public void Close(TCPConnection c){}
    //TCPClosed 的狀態對 close 事件沒有任何反應
    public void Acknowledge(){}
    // 收到 Open 事件後會轉移到 Listen 的狀態
    public void Open(TCPConnection c); {
        c.setState(new TCPListen());
    }
}
```

```
public class TCPListen extends TCPState {
   public void Open(TCPConnection c) {}
   public void Close(TCPConnection c) {}
   public void Acknowledge(TCPConnection c) {
      c.setState(new TCPEstablished());
   }
}
public class TCPEstablished extends TCPState {
   public void Open(TCPConnection c) {}
   public void Acknowledge(TCPConnection c) {}
   public void Close(TCPConnection c) {
      c.setState(new TCPClosed());
   }
}
```

透過加入 State 樣式讓每一個狀態獨立，我們便能容易新增或修改每一個狀態本身，而不會因為一個修改的動作而讓系統必須要更改許多地方，甚至發生錯誤。

6-4 設計樣式對物件設計的協助

設計樣式主要解決的設計階段的問題。我們可以將設計階段的問題簡單的歸類如下幾點 [Hsueh09]：

1. 基本問題：如何從分析階段成功的跨越到設計階段？亦即，如何精細化（refine）分析模組，使之符合設計上的考量？

2. 品質問題：如何滿足非功能性需求以提升軟體的品質？

設計的問題沒有唯一與明確的解答，絕大部分的情況都必須視系統的特性而定。設計樣式，雖然不能解決所有的問題，但提供了絕佳的經驗分享與技巧指導。以下即針對上述三個問題來分析設計樣式的解決之道。

- 協助進入設計階段
- 協助解決非功能性需求
- 彈性化設計

協助進入設計階段

物件導向方法論最困難的工作之一是「如何決定物件」。亦即，我們如何將客戶的需求轉化為一群物件？在分析階段大部分的建議多是建議從問題敘述中找出名詞與動詞，並以「將名詞視為一個物件或屬性，動詞視為一個方法或關聯」等方法作為初步的分析方法。到了設計階段，由於許多細部技術的問題必須考量，物件的定義變得更為複雜，幾乎沒有什麼規則可以依循。設計樣式在此扮演著一個經驗分享的角色，描述由分析階段進入到設計階段可會遇到的問題，及相關的解決方式。

有一些設計活動是我們在設計階段必須要作的，用以解決基本的設計問題。例如系統分解（decomposition）、物件分配（object allocation）、存取控制（access control）、控制流程（control flow）、元件合成（component composition）等：

- **系統分解**：用來降低系統的複雜度。將一個系統分解成數個較簡單的部分，稱之為子系統（subsystem），並將這些子系統製成一群各個相互合作的類別。設計樣式即可以幫助我們解決系統分解相關的問題，例如，當我們要將子系統與介面類別包裝起來時，外觀設計樣式（Façade）幫助我們降低其相依性。其他的架構性設計樣式（architectural pattern），如 MVC 可以協助此設計活動。

- **物件分配**：用以將物件或子系統分散在不同的電腦上，以滿足高效能需求或是多個分散使用者間的相互聯繫。代理者設計樣式提供在本地端物件與遠端物件之間提供了一個代理者，所以適合用在此方面。例如，當一個物件為了提高設計的簡易度，一個物件必須存在於一個不同的位

址，此時便可以應用遠端代理者（Remote proxy）來隱藏該物件；虛擬代理者（Virtual proxy）為了效能最佳化的要求而生成物件。

- **存取控制**：用來提供一個更安全的多重使用者環境，我們在可在此活動中定義存取控制規則。保護代理者（Protection proxy）設計物件在代理者設計物件中扮演一個內部管理的角色來過濾出不適當的存取。

- **元件合成**：當遭遇到重複性循環的問題可以應用現成的元件以降低開發成本。商業現成的元件可以被選出、採納並與系統結合在一起。適應者設計樣式（Adapter）可以將介面轉換成元件與系統間的黏著劑。

物件模組在整個軟體開發的流程中是不斷的精細化（refine）而成為一個真實可執行的系統。對於沒有經驗的程式設計師而言，這樣的精細化是很困難的，需要一些建議與指引。表 6-3 列出部分的實例說明設計樣式如何輔助解決基本的設計問題：

表 6-3　活動導向設計樣式分析部分實例

設計活動	設計樣式	說明
系統分解	門戶	透過封裝一個帶有統一介面的子系統，減少類別間的相依性
	觀察者	減少資料物件以及邊界物件的相依性
物件定位	遠端代理者	提供一個代理人物件，以隱藏一個物件長駐在另一個不同位址的事實
	虛擬代理者	一經要求便創造所需求的物件以最佳化效能
存取控制	保護代理者	引進一個過濾器物件，預防不適當的存取
	覆迴	預防對於複合物件不適當的存取
控制流	命令	集中控制流到一個物件來代替將控制流散佈在邊界物件和資料物件之間的方式
元件組合	轉接器	引進一個類別當作擁有不同介面的元件間的黏著劑，而不是為了物件間的合作而更改它們的介面

協助解決非功能性需求

設計樣式可視為一種功能性需求（functional requirement）的延伸，用以滿足非功能性的需求（non-functional requirement）。換句話說，設計樣式除了提供基本的功能性需求外，它還同時滿足品質化、非功能性的需求。例如在觀察者設計樣式的目的描述如下：

Define a one-to-many dependency between objects so that when one object changes state, all its dependents are notified and updated automatically.

分析此意圖，我們可了解此設計樣式的目的是解決一個主體物件與其相關相依物件之間的溝通問題。在功能性方面，它要求主體物件在物件更改狀態時能夠通知所有相依物件；在非功能性方面，它要求主體物件要在不知道相依物件的型態下自動的通知這些相依物件。從需求的角度來說，此設計樣式同時具備一個功能性的意圖與延伸的非功能性意圖。又例如 Abstract Factory 設計樣式意圖如下：

Provide an interface for creating families of related or dependent object without specifying their concrete classes.

也就是說，提供一個介面，用以創造相關或是相依物件的產品族，且不事先指定這些物件的具體類別。

從功能性及非功能性的角度來看，此設計樣式在功能上是希望客端物件可以建立（或使用）一群相關的物件；其延伸的非功能性需求則要求在「不知曉這一群相關物件真正的型態下建立或使用這些物件」，據以達成可重用性。依據這樣的觀察，我們將設計樣式重新分析，將樣式的意圖區分為功能性意圖與非功能性意圖，藉此突顯該設計樣式對非功能需求的延伸。功能性意圖描述一個樣式要做什麼，而非功能性意圖描述其對一些品質屬性（quality attribute）的要求，像可重用性（reusability）、可維護性（maintainability）及可擴充性（extensibility）。表 6-4 為以此角度分析下的部分實例。

表 6-4　設計樣式協助達成非功能性需求

	功能性	非功能性
抽象工廠	客戶端物件一次建立、使用一些相關物件（產品）	客戶端在不指定產品物件具體型態的情形下建立、使用產品物件，提高了可重用性
觀察者	當一個主題改變自己的狀態時，通知所有依靠它的物件	主題在不知道所有依靠它的物件的型態下，自動通知它們，因此提高了模組化
命令	系統支援可復原的工作	較容易增加新的工作，因此提高了可擴充性
覆迴	客戶端物件瀏覽集合容器物件	客戶端物件在不知道集合容器的內部結構下，能夠去瀏覽它的內容，因此提高了可維護性
策略	系統使用一演算法解決一特定問題	較容易使用新的演算法解決問題，因此提高了可擴充性

　　相對於功能性需求與非功能性需求，我們可以建立功能性結構與非功能性結構。圖 6-15 為抽象工廠的實例。我們可以將圖 6-15(a) 視為一個比較差的結構（因為他只能解決功能性意圖），而圖 6-15(b) 是比較好的結構，因為他可以同時達到功能性與非功能性的意圖。

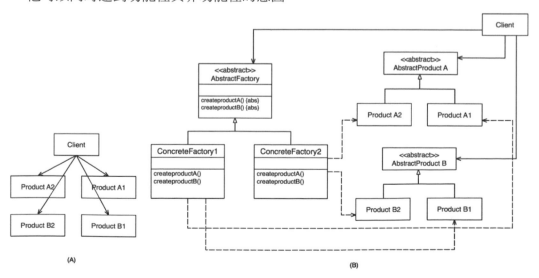

圖 6-15　抽象工廠的功能性結構與非功能性結構

彈性化設計

在第一章軟體工程簡介時，我們曾提及需求的「修改」的難免的。需求的修改也無可避免的會造成設計的修改，因此，如何將修改所帶來的災害降到最低是軟體開發很重要的一環。彈性化的設計可部分的解決此一問題。欲達到彈性設計，首先必須先將系統可能變化的部分抽離出來（當然，這需要一些系統分析的活動），接下來便考慮如何用一些好的技巧來處理這些經常會變動的部分，使我們能在變動程式最少的情況下滿足這些變動。設計樣式提供了若干的協助。如表 6-5，當我們意識到日後物件的實作很可能變動時，可以採用橋接器來應用；若是物件的狀態種類在日後很可能變動則採用狀態設計樣式。至於如何抽離並處理這些變動，我們將在爾後的各章節介紹。

表 6-5　應用設計樣式來管理變動

樣式	變動（彈性）的部分
橋接	物件的實作
觀察者	依附於其他物件的物件數目
狀態	物件的狀態
策略	演算法
複合	物件的結構與複合關係
裝飾品	物件的功能
轉接器	物件的介面
抽象工廠	產品物件的家族
工廠方法	被生成物件的子類別
外觀	子系統的介面
輕量	物件的儲存成本
代理人	物件的存取方式、物件的定址方式
責任鏈	履行要求的物件
命令	要求被履行的時機與方法
覆迴	複合式物件內的元素被存取的方式

 樣式的選擇與採用

當我們遇到問題時，可以依照以下的步驟來選擇及採用設計樣式：

1. **瀏覽樣式的目的**：瀏覽並檢視設計樣式的「目的」，尋找可能的樣式以解決所遭遇的問題。樣式的目的只是概略性的描述，如果不確定該樣式是否真的可以應用，可以更進一步的參考它的「動機」、「應用時機」等。

2. **建立候選樣式群**：當我們找到可能解決問題的候選樣式後，可以透過樣式中的「相關樣式」找到其他可能的樣式，並因此列出一群候選樣式。

3. **檢驗樣式物件結構**：觀察候選樣式群中樣式的「結構」，尋找一個合適目前系統架構的樣式，亦即，該設計樣式的物件架構可以對應到目前系統的物件架構。樣式中「參與者」的敘述可以很快的協助你了解樣式的物件結構。如果物件結構所提供的訊息不夠，再進一步的參考「物件合作」以了解這些物件間的行為關係。

4. **參考實作**：當決定採用哪個樣式後，便可以參照設計樣式中所提示的「範例程式碼」將程式應用到系統中。

對於熟悉物件技巧及設計樣式的設計者而言，他可以依照這樣的程序很快的找到他要的樣式並將之應用在系統中。然而，對於剛學習設計樣式的設計者而言，這樣的程序可能還是不夠的。學習者必須事前研讀過一些設計樣式，並實際的操作過一些例子，才能在初看到設計樣式的目的及結構時有所領會。因此，讀者應將設計樣式視為一種學習物件技巧的工具，平時就需去研讀瞭解，若等到要用到才去尋找，很難很快的找到。

練習題

1. 設計樣式的目的為何？

2. 設計樣式通常有哪四個元素？

3. 列舉五個設計樣式，說明其目的？

4. Gamma 從用途將設計樣式分為哪三類？

5. 抽象工廠的目的為何？請畫出結構。

6. 轉換器的目的為何？請畫出結構。

7. 轉換器可分為類別轉換器，物件轉換器，其差異為何？

8. 裝飾品的目的為何？請畫出結構。

9. 說明設計樣式對物件設計的協助。

10. 部分設計樣式可協助彈性化設計，請列舉三個例子。

7
CHAPTER

物件導向軟體測試

摘要

物件導向軟體測試主要目的跟傳統的軟體測試相同，希望以系統化的方法，使用最少的資源來找出存在軟體內最多的錯誤，進而提升軟體品質。不過因為物件導向軟體發展方法與程式跟傳統發展方法不同，因此在測試策略、測試技術與流程上有許多的不同。

- 物件導向設計的結構不是傳統的功能模組結構，傳統整合測試策略包括由上而下或由下而上的逐步整合需要加以調整使用。

- 物件導向軟體發展使用物件導向建模語言 UML 建立軟體規格，導出測試案例的技術也有不同，包括如何從使用案例模型、類別圖、活動圖、循序圖、狀態圖等導出測試案例的技術。

- 物件導向程式設計技術獨特的特性，例如多型、繼承、封裝，將會造成物件導向程式產生錯誤的可能性比傳統程序或程式還要高。

- 封裝造成物件私有屬性與行為難以存取測試。

- 抽象類別、一般（generic）類別無法產生物件加以測試。複雜物件的行為，可能因參數不同影響物件狀態，需要設計不同情境行為的測試案例。

- 繼承（inheritance）多型無法先決定執行哪個方法，需設計多個測試案例測試不同情境。

- 例外處理（exception handling）難以預知最後會丟到哪個方法去處理。

- 多執行緒（thread）測試牽涉並行處理的問題，難以測試。

在此章節，我們將以軟體測試層次（testing level）為基礎，包括程式碼檢視、單元測試、整合測試、系統測試與驗收測試，分別介紹這些物件導向軟體測試特有的技術與方法。另外本章也介紹以測試為驅動的發展方法（Test-driven Development, TDD）以及行為驅動發展方法（Behavior-Driven Development, BDD）。

7-1 電子商務購物網站

本章將使用一個電子商務購物網站系統為例，說明物件導向軟體測試各階段的實務運用，圖 7-1 是其使用案例圖。系統中有兩種主角—使用者與管理者。

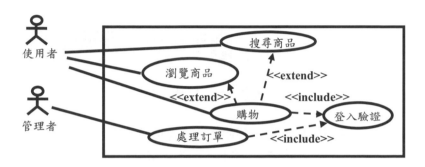

圖 7-1　電子商務購物網站使用案例圖

- 使用者的使用案例為：
    - 購物：選購商品置於購物車內。將商品移出購物車。計算購物車商品的總和與平均。
    - 搜尋商品：搜尋商店內某商品的價格。
    - 瀏覽商品：依分類瀏覽商品。
    - 登入驗證：輸入帳號密碼，密碼必須遵循一定規則。
- 管理者的使用案例為：
    - 處理訂單：針對每筆購物車訂單中所有商品，查詢是否有庫存，若有庫存則從庫存中扣除，並處理出貨。

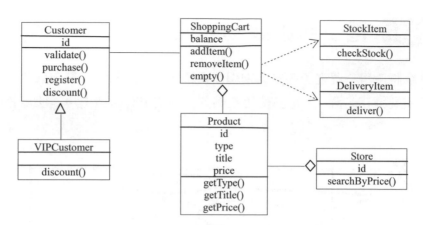

圖 7-2　電子商務購物網站類別圖

　　圖 7-2 是電子商務購物網站系統的部分類別圖，客戶（Customer）有註冊（register）帳號密碼、驗證（validate）帳號密碼、購買商品（purchase）等方法。購物車（ShoppingCart）有加入商品（addItem）、移除商品（removeItem）、清空（empty）購物車等方法。另外還有商品（Product）、商店（Store）、庫存物（StockItem）、物流商品（DeliverItem）等類別的設計。以下列出產品、購物車、與商店的部分 Java 程式碼。

📑 產品 Java 程式碼

```java
class Product {
   private String type;
   private String title;
   private double price;
   public Product(String type, String title, double price) {
      this.type = type;
      this.title = title;
      this.price = price;
   }
   public String getType() {
      return type;
   }
   public String getTitle() {
```

```
      return title;
   }
   public double getPrice() {
      return price;
   }
}
```

📂 商店部分 Java 程式碼

```
class Store {
...
public double SearchPriceByTitle(String key) {
    Product p = null;
    int length = items.size();
    int i=0, found=-1;
    while ((i < length) && (found==-1)) {
       p = items.get(i);
       if (p.getTitle().compareTo(key)==0) found = i ;
       i++;
    }  // while
    if (found==-1) return found;
    else return p.getPrice();
}
}
```

📂 購物車 Java 程式碼

```
class ShoppingCart {
   private ArrayList<Product> items;
   public ShoppingCart() {
      items = new ArrayList<Product>();
   }
   public double getBalance() {
      double balance = 0.00;
      for (Iterator<Product> i = items.iterator(); i.hasNext();) {
         Product item = (Product)i.next();
         balance += item.getPrice();
      }
```

```
      return balance;
   }
   public void addItem(Product item) {
      items.add(item);
   }
   public void removeItem(Product item) throws ProductNotFoundException {
      if (!items.remove(item)) {
         throw new ProductNotFoundException();
      }
   }
   public int getItemCount() {
      return items.size();
   }
   public void empty() {
      items.clear();
   }
}
```

7-2 物件導向單元測試

　　單元測試的目標是找出單元模組內部功能或邏輯控制的錯誤，主要由程式開發人員執行測試。根據單元模組的規格，實施靜態測試（static testing）與動態測試（dynamic testing）。物件導向程式的單元模組是類別，實施單元測試可以分為三個層次：(1) 類別的方法層次，(2) 類別層次，(3) 類別繼承架構層次。

　　靜態測試又稱為靜態分析（static analysis），是以工具自動化檢視或是使用人工檢視程式碼的缺陷（defect）。針對單元模組的程式碼實施的靜態分析又可稱為程式碼檢視（code review）。動態測試則是執行程式碼，驗證程式碼是否符合單元模組的設計規格，其中設計程式碼的輸入與輸出，亦即測試案例（test case）的設計，是一項重要的技術。以下分別說明程式碼檢視以及動態單元測試的方法。

程式碼檢視

表 7-1　典型使用劇本

編號	使用劇本	檢查
1	加入一項商品 C++ 的書，再加入第二項商品 Java 的書，計算購物車內商品的數量以及要付的款項	
2	加入一項商品 C++ 的書，再加入第二項商品 Java 的書，清空購物車內的商品量以及要付的款項	

程式碼檢視的方法粗略可分為兩種：

- 根據模組規格設計典型的測試案例或劇本資料，模擬程式碼執行的過程，檢視程式設計的正確性。以電子商務購物網站系統為例，針對購物車類別的程式碼，設計典型的使用劇本資料。例如表 7-1 為電子商務網站的使用者典型的使用劇本，可變成測試案例劇本。依據此典型測試資料，檢視程式碼是否能正確完成並得到預期的正確結果。

- 根據檢視清單檢查程式碼，找出程式碼的缺陷加以修復，表 7-2 提供一般性程式碼檢視清單參考範本，檢視團隊可以依據實務情況增修程式碼檢視清單。

表 7-2　一般性程式碼檢視清單

編號	項目	檢查
	防禦性程式設計	
1	在不同程式碼宣告地方出現的相同一群資料屬性	
2	View 模組除了呈現畫面功能的程式碼外，還含有其他程式碼	
3	是否忽視編譯器給予的警告	
4	善用多型，取代 Switch 判斷指令	

編號	項目	檢查
5	存取檔案前有確認檔案的存在	
6	動態配置的記憶體不需要時均被釋出或回收	
	類別定義	
7	類別過大，屬性、方法過多	
8	每一個類別有適當的建構子和解構子	
	方法定義	
9	函式程式碼太長，超過 100 行	
10	參數列過長	
11	重複的程式碼	
12	方法均有正確的存取修飾子與回傳型態，修飾子包括 const, private, public, protected 等	
	Variables	
13	類別、屬性、方法的命名不適當	
14	有多餘或未被使用的變數	o
15	指定數值給變數時，變數與數值彼此的型態或形態轉換正確	o
16	每個變數均給予正確的初始化	o
17	模組內使用的重要區域變數，均集中在最前面宣告	o
	Structures	
18	方法或模組是否結構太複雜需要重構	o
19	是否有未被呼叫或未使用到的程序，及無法執行到的程式碼	o
	迴圈與分支結構	
20	一個模組中迴圈邏輯結構，不得超過四層	o
21	迴圈下標或條件值在進入迴圈前有適當地初始化	o

編號	項目	檢查
22	迴圈的終止條件明顯且永遠可以達到	
23	是否每個 switch case 敘述均有對應的 default 敘述	
	數學運算	
24	計算時是否可能發生溢位或虧位	
25	是否適當地運用括號以避免計算的混淆	
26	程式碼是否避免浮點數值的相等比較	
27	程式碼是否檢查除數為零的情況	
	文件	
28	程式碼缺乏註解	
29	註解說明和程式碼意義是否一致	
30	每一個重要模組前面，必須有一個功能說明的註解	
31	註解與組織規定的程式碼寫作標準不一致	

靜態分析（程式碼檢視）比動態測試有效率，其優點包括：

- 程式碼檢視可以立即發現程式碼錯誤所在及原因，不需經過繁複程式除錯與鑑定錯誤、分析原因、修改與重測，可迅速修正程式碼錯誤。

- 有效找出模組規格模糊、程式撰寫風格錯誤、不合組織規定標準的程式碼、無效程式段落等動態測試比較難以發現問題。

- 審查與檢視透過小組討論可以有效交換成員觀念與想法，協助經驗傳承與訓練溝通。

表 7-3　缺陷報告範本

缺陷編號	缺陷分類編號	位置（行數）	說明
1	12	Page 1, Line 20	方法設計給類別中使用，但修飾子為 public
2	14	Page 3, Line 5	變數 name 未被使用
3	22	Page 5, Line 12	while 終止條件可能失效

　　動態單元測試之前最好先進行程式碼檢視，將比較大的問題、程式碼寫作風格的問題、無效程式碼段落、程式設計瑕疵等問題檢出，再進行動態單元測試會比較有效率。程式碼檢視簡單的流程為：

- **客製化檢視清單**：程式設計人員根據表 7-2 所列一般性程式碼檢視清單，以及團隊或組織的程式碼寫作規範標準，客製化適當的程式碼檢視清單。

- **自我檢視**：程式設計人員根據客製化程式碼檢視清單，檢視自己開發的程式碼，找出程式碼的缺陷（defect）並加以修復。

- **同儕檢視**：程式設計人員將程式碼和設計出的客製化檢視清單，交給一至三位有程式碼檢視經驗或經過檢視訓練的資深同儕，找出程式碼的缺陷，程式設計人員根據缺陷報告予以修復程式碼。

- **修正檢視清單**：缺陷報告必須包括缺陷編號、缺陷分類編號、缺陷所在位置（頁數行數）、缺陷說明等欄位，如表 7-3 所示。程式設計人員必須記錄過去檢視的缺陷資料並加以統計分析。經過統計分析後，如果某一種錯誤分類很少發生就可以從程式碼檢視清單中刪除，如果有發現未分類的缺陷，則考慮予以加入檢視清單。如此可以提高程式碼檢視的效率，降低檢視耗費的成本。

類別方法層次之動態測試

動態單元測試要先使用白箱與黑箱技術設計測試案例：

- 根據程式碼邏輯路徑以白箱測試技術設計測試案例，設法存取所有物件屬性，測試所有重要控制路徑。

- 根據方法的設計規格，以黑箱測試技術設計測試案例，測試所有類別行為與責任。根據方法輸入參數的範圍和相關成員資料範圍不同取值的組合，設計不同的測試案例。針對多型訊息與呼叫的方法測試相對應的動作。

測試的簡要程序原則為：

- 將類別的所有重要方法予以個別獨立測試。

- 先測試私有方法（private method），再測試公開方法（public method）。

- 先測沒有呼叫其他方法的獨立方法，再測試呼叫別的方法的方法。

在撰寫單元測試的程式碼時，最好能符合 3A 原則（3A pattern），讓測試程式更易瞭解。3A 原則為 [Kent Beck 2002]：

1. Arrange：初始化目標物件、相依物件、方法參數、預期結果，或是預期與相依物件的互動方式。

2. Act：呼叫目標物件的方法。

3. Assert：驗證是否符合預期。

一般實施單元測試通常使用 XUnit 測試架構，亦即，Java 程式語言使用 Junit，C++ 程式語言使用 CppUnit，C# 程式語言使用 NUnit，PHP 程式語言使用 PHPUnit 架構。針對電子商務購物網站的例子，以下為 Product 類別實施 Junit 單元測試的程式碼。其中 setUp() 對應 3A 原則的 Arrange，testGetPrice() 對應 Act 和 Assert。tearDown() 功能在於釋放 setUp() 建構的系統資源，例如建構物件的記憶體資源，或者是連接資料庫或網路連線資源等。

```
import org.junit.After;
import org.junit.Before;
import org.junit.Test;
public class TestProduct {
    private Product p;
    private double expPrice;
    @Before
    public void setUp() throws Exception {
        p = new Product("Book", "UML", 200.0);
        expPrice = 200.0;
    }
    @After
    public void tearDown() throws Exception {
        p = null;
    }
    @Test
    public void testGetPrice() {
        assertEquals(expPrice, p.getPrice(), 0.0);
    }
}
```

類別層次之動態測試

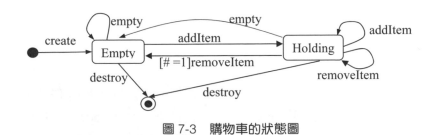

圖 7-3　購物車的狀態圖

　　一個類別有許多方法，類別層次的測試重點在於測試互相依賴或呼叫的方法之間的關係，主要使用黑箱測試技術設計測試案例。

■ **不變式邊界測試**：針對類別的屬性，定義屬性範圍的不變式條件。尋找類別方法呼叫的順序，針對違反類別的不變式，設計為測試案例。

■ **狀態機測試**：根據類別規格，建構類別 UML 狀態圖模型如圖 7-2，購物車程式的狀態圖如圖 7-3 所示。根據類別不同狀態與不同方法的執行順序，產生測試案例。測試類別的動態行為，例如測試類別所有可能的狀態 Empty、Holding。或者設計違反類別圖中方法的呼叫順序限制的測試案例加以測試，例如清空購物車（empty）後，加入一項商品（addItem）A，之後從購物車移除（removeItem）一項不存在的商品 B 而產生錯誤。

■ **資料流測試**：以定義使用路徑（define-use path）技術設計測試案例，測試類別中所有跨方法的資料屬性。例如前述 7-1 節購物車程式碼，針對購物車內的資料屬性 items，設計測試案例包括

(1) 呼叫順序 empty()、getItemCount()，

(2) 呼叫順序 empty()、addItem()、getItemCount()，

(3) 呼叫順序 empty()、addItem()、removeItem()、getItemCount()。

■ **以屬性為分類基礎測試**（attribute-based partitioning testing）：根據所使用的屬性區分設計測試案例，例如以 balance 和 creditLimit 區分：

(1) 使用 creditLimit 的 operations; (2) 修改 creditLimit; (3) 非 (1)(2)

繼承階層樹層次動態測試

繼承是物件導向分析設計很重要的特性，可以方便程式設計師重複使用父類別的程式碼，但卻使得測試變得比較複雜。以下說明繼承架構可能產生的問題。

繼承父類別方法的測試問題

- 繼承父類別的方法：以電子商務購物網站為例，下列的程式碼表示 VIP 客戶繼承一般客戶的消費（purchase）方法，但是 VIP 客戶消費的折扣比較優惠，因此覆寫折扣（discount）方法。雖然 VIP 客戶類別繼承客戶類別的消費方法，但是兩個類別都要設計各自的消費之測試案例而且分別加以測試。父類別客戶的消費方法設計的測試案例，並不適用於子類別 VIP 客戶繼承下來的消費方法，因為其行為不同。若要測試 VIP 客戶類別，需要重新設計測試案例以測試消費方法。

```
class Customer {
   void purchase() { … discount(); … }
   void discount() { … }
}
class VIPCustomer extends Customer {
   void discount() { … }
}
```

父類別屬性範圍不變式的測試問題

- 子類別違反父類別屬性的限制：以電子商務購物網站為例，下列的程式碼表示客戶在消費方法的程式碼需要依賴屬性範圍的不變式條件（credit>100）才能正確。VIP 客戶類別的設定方法違反父類別屬性。因此，在父類別消費（purchase）方法正確，但子類別 VIP 客戶的消費方法卻會產生錯誤，因此 VIP 客戶類別產生的物件，繼承自父類別的方法應該重新測試。

```
class Customer {
   int credit; // 不變條件 : credit > 100
   void purchase() { // 此方法必須依賴 credit 不變條件式
      int y = x/(credit-100);
   }
}
class VIPCustomer extends Customer {
   void vipSetting() { credit = 100; … }
…
}
```

根據以上討論，歸納出測試繼承架構應注意的幾個原則：

- 做好父類別測試之後，子類別繼承重用其方法，仍需重新測試所繼承的程式碼。尤其是繼承父類別的方法，若有呼叫已經被子類別改變的方法，必須加以重新測試。測試子類別所有繼承下來的方法與屬性稱為展平測試。

- 子類別覆寫的方法必須重新測試。

- 父類別的某一個方法有任何的修正，必須重新測試所有子類別的方法。

- 對於抽象類別，需要設計一個空的具體子類別，依此創造出一個物件，設計有意義的測試案例來加以測試。

- 根據 LSP 軟體設計原則（參考第 5 章「軟體設計原則」），測試子類別多型方法是否保持父類別的規範。

錯誤基礎測試方法（**Fault-Based Testing**）

針對類別和方法層次，測試子系統互動中，未實現的規格、和錯誤。檢視物件導向分析模型，假設一組可能的缺陷，出現於方法呼叫和訊息傳送，藉此建構適當的測試案例。尋找程式實做可能發生的錯誤，設計相對的測試案例，例如以邊界條件測試以下簡單的程式。

```
double MySqrt(double x) {  if (x>=0) return sqrt(x); return -1; }
```

針對方法呼叫或訊息連結，假設任何可能發生的錯誤，檢驗這些方法的行為。著重於呼叫端的程式碼是否產生錯誤，而非被呼叫端單元模組的錯誤。其中三種可能的錯誤（faults）為非預期的結果、錯誤的方法使用、不正確的呼叫等。

7-3 物件導向整合測試

物件導向分析設計建構出的模型，不像傳統結構化分析設計模型有一個階層控制結構。物件導向設計模型難以使用傳統結構化設計模型的由上而下、或由下而上的整合測試策略。物件導向整合測試著重於測試一群以某種方式群聚合作的物件，以下說明各種不同的測試方法。

以使用案例劇本為基礎的整合測試（scenario-based testing）

物件導向分析中，使用案例模型會導出各種不同的使用者劇本，包括使用者工作任務描述，及工作任務的不同變異情境，或者可能發生的各種錯誤。使用案例（use case）導出的劇本包括許多互相溝通或合作的物件，根據物件導向模型規格之系統特性，找出群聚（clustering）合作的物件，實施整合功能測試。開發團隊在此時必須嚴謹的檢視使用案例是否符合使用者需求。

在設計階段，根據使用者互動圖（interactions diagrams）導出劇本中物件互動、方法的互相呼叫不同情況，藉此設計出測試案例。在一個測試案例中，測試許多模組、或子系統。整合測試中的軟體元件可以完成某一個使用案例的部份劇本功能。例如電子商務購物網站的登錄檢查的使用案例，使用者發送一個請求要求購物頁面的功能，此頁面須通過身份驗證才能顯示。整合測試的劇本可以測試此流程是否正確完成，頁面是否顯示正確內容。

根據群聚功能的原則設計測試案例，必須涵蓋到以下幾種類型：

■ 不同物件共同合作，方法互相呼叫的資料流測試。以電子商務購物網站為例，使用案例「處理訂單」的設計規格如圖 7-4 所示，以訂單資料流為基準，據以設計跨物件方法呼叫的整合測試案例：(1) 針對每筆購物車訂單中所有商品，查詢是否有庫存，若有庫存則從庫存中扣除，並處理出貨。(2) 測試購物車內商品數量「=0」、「=1」和「>1」。(3) 測試庫存「=0」和「>=0」。

■ 錯誤處理之跨物件方法的呼叫,測試一群合作的類別,找出互動上的錯誤。

■ 動態多型的跨物件方法的呼叫。

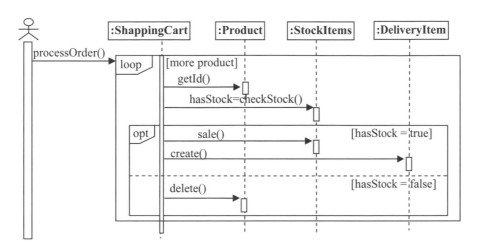

圖 7-4 使用案例「處理訂單」的循序圖

以類別模型為基礎的測試(class model testing)

以物件導向類別模型為基礎的測試流程為:

■ 驗證據物件導向分析類別模型的正確性,包括類別責任合作模型(CRC model)和領域模型(Domain Model)的所有合作關係。以電子商務購物網站為例,圖 7-2 類別圖中,客戶類別的責任「消費」是否需要其他類別加入才得以完成。

■ 依據類別模型導出漸增整合測試的結構與整合策略。檢查是否許多需求服務,可以合作完成一個完整的使用者服務。以電子商務購物網站為例,客戶消費是否由客戶身分驗證、購物車購物等服務完成,此為整合測試的整合測試案例設計方法。

以事件驅動為基礎的測試（event-based testing）

資訊系統常常會使用事件來驅動系統的執行，或是物件之間透過事件傳遞訊息以合作完成某項任務，其測試案例的設計係基於事件／訊息的整合，始於驗證事件路徑的正確性，漸增的整合系統，從而驗證系統的穩定性。針對一串事件所包含的類別加以整合測試，以下描述幾種相關的測試。

- 以執行緒為基礎的測試（thread-based testing）：多執行緒的程式，大部分都是以非同步的方式執行，不同的時間不同的情況會有不同的執行順序，很難設計所有不同執行順序的測試案例，也不容易控制程式特定的執行順序。因此要根據重要的商業流程，以及重要的系統輸出入資料，整合所有相關的執行緒與類別物件加以測試。

- 使用者介面測試（user interface testing）：使用者介面的操作，尤其是圖形化使用者介面，使用者通常都是透過滑鼠、鍵盤、觸控方式操作系統，大部分的輸入都是事件控制訊息。針對使用者介面的測試，事件的組合情況非常多樣化，整合測試案例的設計，必須包含測試所有須要回應系統輸入或事件的類別。

7-4 物件導向系統測試

系統測試由硬體工程師與具良好溝通能力及完整概念的資深軟體工程測試人員進行，必要時可由系統分析人員兼任。軟體工程師參與測試規劃設計，分析軟體內部界面問題，設計錯誤處理路徑，以模擬資料測試軟體系統界面的錯誤，測試來自其它硬體系統或外部軟體的錯誤資訊，確保充分測試軟體。此階段主要著重於完整的軟硬體系統之整合測試。所有在物件導向整合測試階段做的功能測試，都需要在此階段重新加以測試。測試案例的設計以黑箱測試技術為主，尤其著重於設計錯誤資料、錯誤處理路徑，以測試外部輸入資訊對於軟硬體整合的影響。測試環境應與實際環境相似。

　　系統測試類型有許多種，主要需求來自於使用者需求規格上的描述，或是在需求規格與確認階段，與使用者溝通釐清。以下簡要描述不同的系統測試類型：

- **儲存**（storage）**測試**：測試是否滿足主記憶體及輔助記憶體使用。

- **相容**（compatibility）**測試及轉換**（conversion）**測試**：測試與其他系統之相容性及系統轉換之程序與可行性。

- **設備**（facility）**測試**：確認所有設備均整合納入正常運作。

- **文件測試**：驗證使用者文件之正確性。

- **維護測試**：驗證可維護性，如系統提供之協助、偵錯之平均時間、維護程序等。

- **耐久**（durability）**測試**：在極端操作條件下測試，例如高溫、低溫、高濕度、高轉速（CPU、光碟機或磁碟機）、隨意的操作。典型軟體包括武器系統、或長程交通工具中的即時系統（real-time）韌體，需此種測試。

- **安裝測試**：針對軟體特性，建立適當安裝檢核表或測試案例，驗證軟體系統已妥善安裝且能正確運作。所有參數與運作條件依需要適當設定與記錄。

- **容量**（volume）**測試**：受測系統可以是即時銷售的交易系統、或資料庫存取系統，測試系統所能承受之最大資料容量，包括實體或邏輯限制，驗證是否滿足專案或組織需求，以特定資料庫大小測試系統效能，或是以特定介面檔案大小，如 .xml 檔案，互動存取以測試系統效能。

- **可用測試**（usability testing）：可分為訓練與操作生產力兩種測試。訓練方面為訓練一位新的員工或使用者達到預定每小時生產力的要求層次，需要花費多少時間。操作生產力部分為此資訊系統可提供多少使用者服務，或者完成工作所需時間。

- **可靠性測試**（reliability testing）：測試軟體在規範的條件，與時間範圍內完成規範的功能，不發生故障的機率。規範時間包括失效平均間隔時

間（Mean Time between Failure, MTBF），規範條件包括硬體、作業系統、資料輸入範圍、資料儲存與傳輸、操作程序，規範功能包括不同的任務功能。

- 穩定性測試（stability testing）：又稱健壯（robustness）測試，可分為容錯，和恢復能力。容錯測試通常是建構一些不合理的輸入來讓軟體出錯，觀察系統是否仍然能夠正常運作。恢復測試則是故意輸入錯誤資料，引起軟硬體錯誤或系統故障，驗證系統能否在預定時間內重新啟動、恢復系統、有無重要的資料遺失、是否毀壞其它相關的軟體硬體。

- 相容性測試（compatibility testing）：針對周邊或配件產品進行訊息互動的功能測試，例如讀卡機系統對各產牌的記憶卡相容性，智慧型行動裝置對藍芽通訊的相容性等。

- 安全性測試（security testing）：驗證系統保護機制，防止非法入侵、不受任何型式的攻擊。

- 效能測試（performance testing）：主要指標為系統反應時間（response time）與處理量（throughput），又可分為負載（load）測試與壓力（stree）測試。負載測試主要測試系統的規格工作限制，藉以找出系統元件的瓶頸或錯誤。壓力測試則是測試系統在極端工作負載，仍然能正常工作的情況，須控制系統在不利執行環境，直到系統當機或性能低於一定程度。

7-5 測試驅動發展方法（Test-driven Development, TDD）

測試驅動發展方法是敏捷（agile）發展方法中提倡的一種軟體開發方法，強調先寫測試程式，之後再撰寫需要交付給客戶的程式，其目的是以反覆和漸進的方法建構程式，期望快速取得使用者的回饋確認，如此可以更正

確的撰寫出使用者真正需要的系統，因而可以有效避免過度設計而浪費人力成本。再者，在開發之前若能夠有完整的設計再撰寫程式，可以有效的避免重構的費用。

測試驅動發展方法的步驟是：

1. 先針對需求或設計規格撰寫測試案例，並假設要實現需求或設計規格的程式碼已經完成，再撰寫測試程式。

2. 在單元測試的輔助下，以通過測試案例的前提快速撰寫程式碼實現其功能。

3. 使用重構（refactory）機制移除多餘的程式碼，藉以提高程式碼的品質。

下面以開發費式數列（fibonacci number）的功能的簡單例子，說明測試驅動軟體發展步驟。費式數列 0, 1, 1, 2, 3, 5, 8, 13, 21, 34, 55, …，定義如下：

fn= 0, if n=0; fn= 1, if n=1

fn= fn-1 + fn-2, if n>1

測試驅動發展第一次反覆

1. 撰寫測試案例。

輸入 n	輸出 fn
0	0

假設費式數列功能設計規格為 int fib（int）；已經設計完成，撰寫測試程式：

```
public void testFibonacci() {
    assertEquals(0, fib(0));
}
```

2. 執行單元測試時，因為 fib 程式還沒撰寫，所以測試失敗，因此快速撰寫以下 fib 程式以通過測試為目標。

```
int fib(int n) {
    return 0;
}
```

以上程式可以通過步驟 (1) 的測試案例和測試程式。

3. 這一次的程式碼很簡單，不需要重構機制。

測試驅動發展第二次反覆

1. 撰寫測試案例。

輸入 n	輸出 fn
0	0
1	1

假設費式數列功能設計規格為 int fib（int）；已經設計完成，修改測試程式：

```
public void testFibonacci() {
    assertEquals(0, fib(0));
    assertEquals(1, fib(1));
}
```

2. 執行單元測試時，因為 fib 程式還沒針對新增的測試案例修改，所以測試失敗，因此快速修改以下 fib 程式以通過測試。

```
int fib(int n) {
    if (n == 0) return 0;
    return 1;
}
```

以上程式可以通過步驟(1)的測試案例和測試程式。

3. 以重構機制改寫測試程式如下。

```
public void testFibonacci() {
    int cases[ ][ ]={{0,0},{1,1}};
    for (int i=0; i < cases.length; i++)
        assertEquals(cases[i][1], fib(cases[i][0]));
}
```

測試驅動發展第三次反覆

1. 撰寫測試案例。

輸入 n	輸出 fn
0	0
1	1
2	1

針對測試案例修改測試程式：

```
public void testFibonacci() {
    int cases[ ][ ]={{0,0},{1,1}, {2,1}};
    for(int i=0; i < cases.length; i++)
        assertEquals(cases[i][1], fib(cases[i][0]));
}
```

2. 執行單元測試成功。

3. 不須重構機制改寫測試程式。

測試驅動發展第四次反覆

1. 撰寫測試案例。

輸入 n	輸出 fn
0	0
1	1
2	1
3	2

針對測試案例修改測試程式：

```
public void testFibonacci() {
    int cases[ ][ ]={{0,0},{1,1}, {2,1},{3,2}};
    for(int i=0; i < cases.length; i++)
        assertEquals(cases[i][1], fib(cases[i][0]));
}
```

2. 執行單元測試時，因為 fib 程式還沒針對新增的測試案例修改，所以測試失敗，因此新增以下 fib 程式碼以通過測試。

```
int fib(int n) {
    if(n == 0) return 0;
    if(n <= 2) return 1;
    return 2;
}
```

以上程式可以通過步驟 (1) 的測試案例和測試程式。

3. 以重構機制改寫 fib 程式如下。

```
int fib(int n) {
    if (n == 0) return 0;
    if (n <= 2) return 1;
    return (fib(n-1) + fib(n-2));
}
```

執行單元測試通過。

測試驅動發展方法需要注意的問題包括：

- 開發者可能只完成滿足測試的代碼，而忽略對使用者真正需求的實現，此時可使用配對程式（pair programming）技術驗證使用者需求的正確實現。

- 因為程式撰寫只要通過測試案例和測試程式，若測試案例設計的不好或不完整，可能造成系統品質的問題。

- 針對圖形使用者介面、資料庫和網頁程式的系統，比較難對每一個元件實施完整的單元測試，若要建構完整的單元測試工作，將可能增加許多開發成本。

7-6 行為驅動發展方法（Behavior-Driven Development, BDD）

軟體開發流程第一步是獲取使用者的需求，軟體系統的價值來自於使用者需求的滿足。敏捷式方法透過使用者故事（user story）定義與管理使用者需求，透過驗收測試案例（acceptance test cases）劇本來定義使用者故事如何被完成。使用者故事和驗收測試案例都使用領域專門語言（domain specific language）描述，但軟體開發人員必須使用程式語言完成系統，中間的落差

可能導致程式語言無法直接對應驗收測試案例，以致無法驗證使用者需求是否滿足。行為驅動發展 BDD 由 Dan North 提出 [Dan North 2006]，是一種輔助 TDD 的敏捷軟體開發技術，藉以彌補驗收測試案例劇本與程式碼的落差。本節介紹 BDD 的定義、效益、概念、與步驟。

BDD 定義

Dan North 對 BDD 定義 [Dan North 2009] 為：BDD 是第二代的、由外及內的、以拉（pull）為基礎、多方利益相關者（stakeholder）、多種可擴展性、高自動化的敏捷方法。它以良好定義的輸出描述一個互動循環。所謂良好定義的輸出，即工作中交付的已測試過的軟體。

TDD 單元測試所設計的測試案例，若沒有考慮詳細，通常缺乏完整的系統功能與使用行為的涵蓋度。因為使用者的需求，要轉變成系統的程式碼，中間的落差相當大，BDD 指導測試案例結合使用者故事（user story），作為 TDD 和 ATDD（acptance test driven development）的銜接橋樑，讓通過測試案例的程式能較符合使用者需求，降低使用者需求與程式碼之間的落差 [Agile Alliance]。

BDD 的效益

BDD 的效益在於，能讓使用者、測試人員與開發人員，可以用相同的語言描述與了解需求，並且降低將使用者需求轉換成程式碼的成本。最重要的目的，是讓開發人員在開發系統時，能專注於滿足使用者的需求。行為驅動開發人員使用混合領域中統一的語言描述程式碼的目的，如此，開發者可以把焦點集中在程式碼撰寫上，而非技術細節，並且減少程式開發者的技術語言與商業客戶等利益相關者的領域語言之間來回溝通翻譯的代價。

軟體專案的利益相關者，包括開發者、品管人員和非技術人員或商業參與者。使用自然語言撰寫非程式設計師可了解的測試案例，BDD 鼓勵這些利

益相關人員合作，互相討論取得對預期軟體行為的清楚認識。

BDD 的重要概念說明

- 特性注入（Feature Injection）：其概念使 BDD 可以考慮更周延的需求分析範圍，提供從系統發展初期的願景到程式發布的整個軟體生命周期一個企業組織可能有多個商業價值的願景，例如盈利、節省成本或開源節流。一旦某個願景被專案開發小組定為當前願景，他們將需要更多的資源協助實現這個願景。透過該願景的主要利益相關者，會引入其他次要利益相關者，每個人要設定實現該願景所需完成的目標。例如，市場行銷人員要了解使用該應用系統的使用者之需求，安全專家要確保該應用系統不會受到阻斷服務攻擊等。透過利益相關者的目標，定義出實現這些目標所需特性。

- **由外而內的理解系統**：BDD 是由應用程式開發中獲得的商業利益或價值所驅動的，要了解這個商業價值，需要透過使用者操作的介面了解應用程式帶來的價值。同樣的，要了解每一段程式碼，也是從使用者操作介面開始。每個程式碼單元（element）透過與其他單元合作，完成部分責任，從而實現整個應用程式的行為責任。

- 使用者故事定義使用者需求劇本，依此導出測試案例。敏捷式方法的使用者故事範本（story template）為：

  作為一個（As a）[X]，我要（I want）[Y]，以至於（so that）[Z]。

  此處 Y 是需求特性，Z 是特性帶來的價值或效益，X 是得到效益的人或主角。

- 驗收測試案例（acceptance test cases）定義使用者故事需要完成的具體要求情境或劇本（scenario）。BDD 的測試劇本，是產生測試程式的骨架，使用 DSL（ Domain-specific language ）描述驗收測試案例所對應的系統特性（feature）與行為。BDD 驗收測試案例範本為：

給予（Given）一些初始環境或狀態，

當（When）某一個事件發生時，

則（then）確保某些結果產出。

- BDD 的步驟範本（step template）用來存放 TDD 的測試案例，包含整合測試與單元測試的範疇。

- 透過屬於應用系統領域（domain）的表達方式，描述系統的特性與使用者的需求劇本，並且依據這些劇本產生對應的程式碼流程範本（code flow template），可結合單元測試的 3A 原則，驗證系統功能是否滿足這些使用者需求劇本。

以下摘錄自 Dan North 介紹 BDD 的範例 ATM 自動提款機加以簡要說明 [Dan North 2009]。ATM 的使用者故事為：

+Title: 客戶提款 +

As a customer,

I want to withdraw cash from an ATM,

so that I don't have to wait in line at the bank.

驗收測試案例兩個劇本為：

+ 劇本 1：信用卡帳戶 +

Given the account is in credit

And the card is valid

And the dispenser contains cash

When the customer requests cash

Then ensure the account is debited

And ensure cash is dispensed

And ensure the card is returned

＋劇本 2：超過提款額度＋

Given the account is overdrawn

And the card is valid

When the customer requests cash

Then ensure a rejection message is displayed

And ensure cash is not dispensed

And ensure the card is returned

JBehave 定義一個物件模型，將劇本片段對應到 Java 類別如下。每一個 Given 寫一個類別：

```
public class AccountIsInCredit implements Given {
    public void setup(World world) { ...}
}
public class CardIsValid implements Given {
    public void setup(World world) { ... }
}
```

設計一個類別對應事件（event）：

```
public class CustomerRequestsCash implements Event {
    public void occurIn(World world) { ... }
}
```

BDD 的步驟

1. 確立不同利益相關者要實現的願景目標。

2. 使用特性注入方法製作達成這些目標所需要的特性。

3. 透過由外及內的軟體開發方法，把涉及的利益相關者融入到實現的過程中。

4. 使用「應當（should）」來描述軟體行為，以幫助說明程式碼的責任，以及回答對該軟體的功能的問題。

5. 使用「確保（ensure）」來描述軟體的責任，把程式碼本身的效用與其他單元（element）模組帶來的邊際效用中區分出來。

6. 使用測試案例劇本描述應用程式的行為或每個程式碼單元模組。

7. 透過自動執行這些測試案例，提供快速回饋，以進行回歸測試。

8. 以虛擬程式（stub）代替還未撰寫完成的程式碼模組，例如使用 mock 架構。

　　當撰寫好驗收測試案例，建立好系統骨架雛形，在開發實際程式碼前，使用 BDD 描述「驗收測試案例」所對應的「系統行為與腳本」。BDD 測試劇本的撰寫可由開發人員主導，測試人員輔助，最後確認劇本是否滿足驗收測試案例、可驗證使用者需求。確認完畢後，開發人員可從程式碼範本（code template）實施 TDD。

　　單元測試和整合測試，都以系統行為觸發。滿足這些系統行為，代表滿足驗收測試案例，亦即滿足使用者故事以及使用者需求。只要測試通過，就可保證完成使用者故事劇本，程式碼也具備測試案例與測試劇本的需求。

1. 測試的主要目的是從可執行的程式找出錯誤來，一般來說，測試的種類與進行順序分別是單元測試、整合測試、系統測試與驗收測試等，何為白箱測試與黑箱測試？一般而言，前述之測試，哪些使用白箱測試？哪些使用黑箱測試？請說明其理由。（95 高考資訊系統與分析）

2. 請解釋驗收測試（acceptance test）、整合測試（integration test）、系統測試（system test）和單元測試（unit test）在什麼時機下測試？誰負責執行？（100 高考資訊系統與分析）

3. 由於單元測試要寫測試驅動程式，非常麻煩，能否等到整個系統全部開發完，再集中精力進行一次性單元測試？如果每個單元都通過測試，把它們整合會有什麼問題？整合測試是否多此一舉？

4. 在整合測試時候，已對一些子系統進行功能測試、性能測試等，在系統測試時能否跳過相同內容的測試？既然系統測試與驗收測試內容幾乎相同，為什麼還要驗收測試？

5. 以下系統應該考量哪些系統測試？ (1) 數位照片網路沖洗系統，(2) 台北捷運換幣系統，(3) 線上遊戲系統，(4) 大學聯考電腦自動閱卷系統，(5) 跨平台之資料庫管理系統，(7) 監理所車輛管理系統。

6. 請說明 TDD 的優點與實施的流程步驟。

7. 請說明 BDD 的功能與效益。

MEMO

8

CHAPTER

基本敏捷建模

摘要

　　建模（modeling）是開發一個優秀應用程式的眾多流程活動中最為核心的部分 [36]，透過模型之建構應可達成以下幾項目標：

1. 溝通系統之預期結構與行為。

2. 視覺化系統架構與控管系統架構。

3. 對於建構之系統能有更清楚的理解。

4. 管理系統之風險。

　　而什麼是模型（model）？底下提出幾種觀點：

■ 模型沒有對或錯，差別只在對於目前工作是否有用 [Fowler97]。

■ 模型可視為草圖（sketch），而草圖不需精確或完整，只要能試驗構想（idea）正確與否即可。

■ 模型可視為藍圖（blueprint），而藍圖為系統建構計畫（construction plan）的具體呈現。

■ 模型應可執行，可執行之模型可以自動轉換為程式碼（code）－這即是模型驅動架構（Model-Driven Architecture, MDA）之概念。

　　而好的模型應包含的要素如下 [37]：

■ 好的模型會省略不必要的資訊，讓觀看者可以清楚地找到議題，並能對於欲開發系統的正確性進行檢核。

■ 好的模型可以反應真實、抽象（abstract）或假設（hypothetical）的事物。

■ 好的模型必須比真實的事物容易建構。

36 Computware's white paper: Compuware OptimalJ: How model-driven development enhances productivity

37 Stephen J. Mellor, Leon Starr: Six Lessons Learned Using MDA. UML Satellite Activities 2004: 198-202

■ 好的模型可以快速而簡易地展示構想，以作為溝通的媒介。

因此，一個好的建模方式對於建構軟體系統而言至為重要，在此章節，我們將介紹如何以敏捷建模概念與相關方法發展出較好的模型。

8-1 敏捷（Agility）

「敏捷（agility）」現今已成為軟體開發的行話，「敏捷」不止可有效地反應變動，亦可促使開發團隊組織與態度更佳的靈活，據此，敏捷聯盟（Agile Alliance）[38] 提出了敏捷的四大核心真義（value）：

■ 個人與互動重於流程與工具

（Individuals and interactions over processes and tools）

■ 可用的軟體重於詳盡的文件

（Working software over comprehensive documentation）

■ 與客戶合作重於合約協商

（Customer collaboration over contract negotiation）

■ 回應變化重於遵循計劃

（Responding to change over following a plan）

此外，敏捷聯盟提出了 12 項原則來實現這些核心真義，透過這些原則可以幫助我們將敏捷概念運用在任何的軟體開發流程：

---

38 http//www.agilealliance.com

1. 我們的最高目標是透過早期與持續地交付有價值的軟體來滿足客戶。

   （Our highest priority is to satisfy the customer through early and continuous delivery of valuable software）

2. 即使是在專案開發後期，仍歡迎對需求提出變更。敏捷流程要善於利用需求變更，以獲得客戶競爭優勢。

   （Welcome changing requirements, even late in development. Agile processes harness change for the customer's competitive advantage）

3. 要頻繁地交付可用的軟體，週期從幾週到幾個月不等，且週期越短越好。

   （Deliver working software frequently, from a couple of weeks to a couple of months, with a preference to the shortest timescale）

4. 在專案過程中，業務人員與開發人員必須共同工作。

   （Business people and developers must work together daily throughout the project）

5. 在專案過程中，要善於激勵專案人員，給他們需要的環境和支援，並相信他們能夠完成任務。

   （Build projects around motivated individuals. Give them the environment and support they need, and trust them to get the job done）

6. 無論是團隊內還是團隊間，最有效的溝通方式是面對面的交談。

   （The most efficient and effective method of conveying information to and within a development team is face-to-face conversation）

7. 可用的軟體是度量進度的主要指標。

   （Working software is the primary measure of progress）

8. 敏捷流程提倡可持續的開發。業主（sponsors）、開發人員和使用者應能夠維持穩定的進展速度。

   （Agile process promote sustainable development. The sponsors, developers, and users should be able to maintain a constant pace indefinitely）

9. 持續對技術的精益求精以及良好的設計可提升敏捷性。

   （Continuous attention to technical excellence and good design enhances agility）

10. 要做到簡潔，亦即盡可能減少不必要的工作－這是基本原則。

    （Simplicity – the art of maximizing the amount of work not done – is essential）

11. 最佳的架構、需求和設計出自於可自我組織（self-organizing）的團隊。

    （The best architectures, requirements, and designs emerge from self-organizing teams）

12. 團隊要定期思索如何能夠做到更有效的做事方法，並能相對應地調整團隊的行為。

    （At regular intervals, the team reflects on how to become more effective, then tunes and adjusts its behavior accordingly）

　　敏捷開發方法（Agile Development Method）[Larman04] 的兩大特性為擁抱改變（embrace change）與高機動性（maneuverability），而目前常見的敏捷開發方法包含：極限製程（Extreme programming - XP）、SCRUM、漸進式專案管理（Evolutionary Project Management - EVO）、動態解決方案遞送模式（Dynamic Solutions Delivery Model - DSDM）、特徵驅動開發方法（Feature Driven Development - FDD）等。極限製程於本章的補充資料中有更詳細的說明。

8-2 敏捷建模（Agile Modeling, AM）

敏捷建模是一種亂中求序（chaordic）[39]、以實務為基礎的方法論，可有效地對軟體系統建立模型與文件。需特別注意，敏捷建模應視為只是軟體建模的態式（attitude），並非一個有完整規範的軟體開發流程，其著重於有效的建模與文件發展。因此，敏捷建模通常不包含程式開發（programming）活動以及測試（test）活動，但敏捷建模的概念包含了透過程式碼去落實與驗證模型，以及在模型中即要考慮系統的可測試性（testability）。敏捷建模可輔助其他建模方法，或改善其他的軟體開發流程，如 XP、UP（Unified Process，統合流程）、DSDM、FDD 等，其基本概念如圖 8-1 所示，其他的軟體開發流程仍是基礎，而敏捷建模僅為整體流程中的一環：

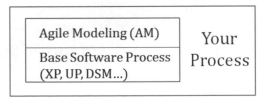

圖 8-1　敏捷建模輔助其他軟體開發流程示意圖（引用自 [Ambler02]）

敏捷建模並無特定的實踐方式，但要究竟何種模型可稱之為敏捷模型（agile model）？我們可說只要模型能滿足底下的特性，我們就認為這樣的模型夠好，就可稱之為敏捷模型：

- **敏捷模型應能實現其目標**：每個團隊落實敏捷建模的方法可能各有不同，但應能達成當時設定的目的，如能夠促進溝通、能夠幫助瞭解、能便於與高階主管溝通專案範圍等，應確認目前採用的敏捷建模方法能否落實團隊設定的目標。

---

39 chaordic = chaos and order

- 敏捷模型應要易理解（understandable）與盡可能簡單（as simple as possible）：如需求模型應採用使用者易懂的商務語言，而設計模型若包含開發者熟悉的技術詞彙則無妨。此外，複雜、混亂的模型絕對比乾淨、簡單的模型不容易理解，因此，簡易（simplicity）通常是敏捷模型要能讓人易理解所應具備的特性，敏捷建模者不需硬套用模型所有規範的符號標記，運用部分模型符號能達成所需工作即可。舉例而言，UML中類別圖即包含許多符號與語法，如多重性（multiplicity）與物件限制語言（Object Constraint Language, OCL）等，但敏捷建模者可不需全部套用，只要讓其開發出來的類別圖能達成順利完成清楚且可溝通討論的分析或設計即可。

- 敏捷模型要有足夠的正確性與詳細程度（accurate）：一般模型不需要百分之百正確，但要有一定程度的正確性與詳細程度，而以敏捷模型而言，我們需確立專案的特性、團隊的特性以及模型的運用方式，以設定模型的抽象程度（abstraction）。舉例來說，在分析或設計模型中應可不需包含與資料庫連結的細節（例如要如何透過 ODBC 或 JDBC 與資料庫建立連線），僅需清楚描述資料物件的內容，即可讓開發團隊溝通目前的分析或設計是否合適、是否有需解決的議題。

- 敏捷模型要有足夠的一致性：與上述的正確性類似，模型間或模型與實作間的一致性高低亦是每個團隊可以決定的實施方針。舉例而言，在資料模型中若遺漏了幾個新增的欄位會使得此模型與目前實際的資料庫內容不一致，但此資料模型仍然具有一定的參考價值，因為開發者可從此模型瞭解當時的設計邏輯。若太過強調模型的一致性，會增加額外的模型維護成本，卻沒有相對應的好處，因此，敏捷模型通常只需達成一定程度的一致性即可。

- **敏捷模型應要能帶來正面價值**：若建模活動的成本高於其帶來的效益，就無法帶來正面價值。因此，團隊需評估哪一種建模方式最符合其效益，舉例而言，若開發詳盡完整的架構模型需花費之成本會超過專案人力預算的一半，或許直接在白板上繪製方塊圖後拍照留存會更適合這個專案、更能帶來正面效益。

而敏捷建模之核心真義（value），亦即敏捷建模應達成的理念與價值，包含了以下幾項：

- **溝通（Communication）**：應透過模型促進發展團隊成員之間以及專案相關人員（project stakeholders）間的有效溝通。舉例而言，花幾分鐘透過簡單的圖形（如方塊圖或流程圖）對使用者說明整個軟體系統的運作，其效果將遠大於讓使用者自己花費幾個小時去閱讀使用者手冊（user manual）；而透過類別圖向另外一個開發者說明某個模組的內部結構，也勢必會比讓此開發者自行理解冗長的程式碼來得有效率。

- **簡易（Simplicity）**：應透過模型發展能盡量滿足當時所有需求的最簡單解決方案，達成 KISS（Keep It Simple Stupid!）準則。複雜化的作法會此軟體更難開發、測試與維護，而常見的複雜化作法包含：太快套用複雜的樣式（pattern）、過度的架構設計（over-architecting）或發展過於複雜的基礎架構（infrastructure）。舉例而言，在沒有替換演算法需求的情況下，若過度預測可能的需求而套用了策略樣式（Strategy pattern），並不會帶來任何好處，反而會讓程式更難以理解，這樣的做法違反 YAGNI（You Ain't Gonna Need It[40]）準則。

- **回饋（Feedback）**：應能盡早且不斷地獲得對模型的回饋意見，以能盡早改善工作內容，而可獲得回饋的方法包含：(1) 以團隊的方式發展模型，而非單打獨鬥自行開發。(2) 請相關的人員審查（review）模型，

---

40 http://martinfowler.com/articles/designDead.html

例如需求模型可請使用者進行參與審查，而設計模型可請程式設計師參與審查。(3) 實作此模型以建構實際的軟體系統，或進行驗收測試（acceptance testing），則專案相關人員在使用或測試此系統時便可提供回饋意見。

- **勇氣**（Courage）：傳統的軟體工程流程方法已深入人心，使用複雜方法或工具的聲浪會持續出現，因此要有嘗試新技術的勇氣，能持續堅持與落實敏捷建模之態度與相關方法。

- **謙遜**（Humility）：因為沒有人能熟稔所有事情，有些成員熟悉程式開發方法、有些成員精通使用者介面設計、有些成員則專精測試，因此要能謙卑地允許他人提供對於自己專案工作的意見。

敏捷建模原則

根據上述的核心真義，Ambler 提出 11 個核心原則與 6 個補充原則，以及 13 個核心實務與 8 個補充實務 [Ambler02,04]，雖然敏捷建模者（遵循敏捷建模的原則與實務、並運用敏捷方法發展軟體專案的開發者）可遵循這些原則去建立模型，但開發者不需要一次套用全部的原則，我們建議開發者在初期進行敏捷建模時，只需遵循底下的原則與實務即可：

- **擁抱改變**（核心原則）：需求經常隨著時間改變，所以我們必須隨著我們的工作現況積極地接受改變。

- **漸增式改變**（核心原則）：一次只變更系統的一小部分，而非一次在大的軟體版本中完成所有要求。

- **輕量開發**（travel light）（核心原則）：創造剛好夠用的模型與文件即可，不需過度開發。

- **設定簡易**（assume simplicity）（核心原則）：設定最簡單的解決方案就是最好的方案。

- **使用最簡單的工具（核心實務）**：使用的工具越簡單越易於工作，因此主要的模型可以在白板、紙張甚至餐巾背後繪製，當然這並不意味 CASE（Computer-Aided Software Engineering）工具無用，如果你認為 CASE 工具比較能顯示你的設計，那麼就使用它。在下面的章節我們將深入探討此實務。

- **小幅度地遞增建模（model in small increments）（核心實務）**：一次只對系統的小部分地進行建模、測試與發佈，再持續遞增進行。

- **簡單地描述模型（depict models simply）（核心實務）**：使用簡單的符號以表示你想了解的關鍵功能即可，不需套用最複雜的符號。

- **維持簡單的內容（核心實務）**：創造之模型讓其內涵能滿足專案需要即可，包括需求、分析、結構或者設計等模型均維持簡單即可。

- **只在造成損害時更新（補充實務）**：只在絕對必要時才更新工作產出（如模型或文件），不需持續維護一致性。

- **和緩地套用樣式（apply patterns gently）（補充實務）**：適當地在你的模型中套用常見之架構、設計與分析樣式，不需過度強調。

　　底下是一個敏捷建模的範例，此範例遵循「以簡單的方式描述模型（Depict Models Simple）」實務，我們可以單用一個使用案例中描述 CRUD（Create, Read, Update, and Delete）樣式，也就是說，我們僅用一個使用案例合併創立（Create）、讀取（Read）、更新（Update）、刪除（Delete）等四個作業，而非用四個獨立的使用案例分別描述四個操作。

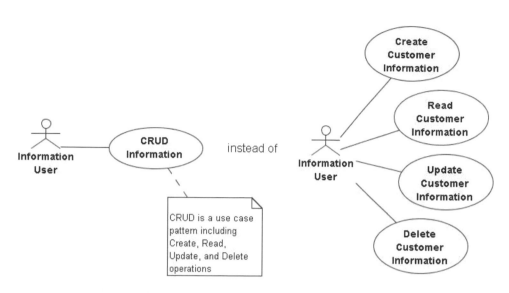

圖 8-2　敏捷建模範例 - 遵循「以簡單的方式描述模型」實務

　　敏捷建模的核心實務分為四個主要分類：團隊合作（team work）、漸進與遞增（iterative and incremental）、簡易（simplicity）、確認（validation），而補充實務分為三個主要分類：文件（documentation）、動機（motivation）與生產力（productivity），圖 8-3 清楚了描述這些分類間的關聯性，以及分類下包含了哪些實務或原則（本書僅摘要擷取），可在落實敏捷建模時作為參考依據。關聯性連結的箭頭方向代表一端的實務分類可支援另一端的實務分類，舉例而言，由於簡易性可降低專案參與的困難度，因此「簡易」分類實務可支援「團隊合作」分類實務，而在示意圖中的關聯性方向會從「簡易」分類延伸至「團隊合作」分類。

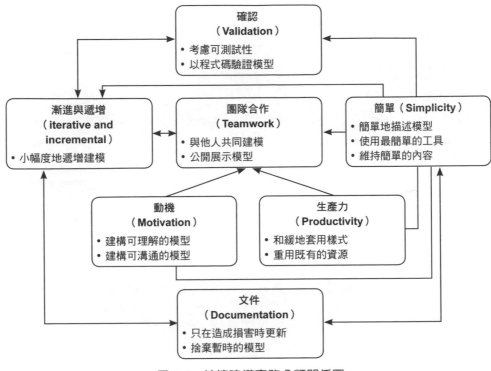

圖 8-3　敏捷建模實務分類關係圖

盡可能使用最簡易的工具（Using the Simplest Tools Possible）

　　Kent Beck 與 Martin Fowler 認為敏捷建模應運用簡易的工具，如鉛筆、紙、白板等。敏捷建模者在初期時會對於特定議題持續進行探討，因此他們會需要非常有彈性的工具，以便能快速地變更正在發展的模型，因此，他們在初期會盡可能選擇簡易的工具讓建立的模型容易理解，而白板和紙張是最常被選擇的工具。運用簡易工具的優點包含：

- 簡易工具有包容性：由於每個人都會使用簡易工具，因此專案相關人員（project stakeholders），如客戶代表、使用者代表等，亦能透過簡易工具直接提供其需求，不會因間接的訊息傳達而導致需求失真。

- 簡易工具成本低廉且垂手可得：相較於所費不貲的 CASE 工具，簡易工具成本非常低廉。

- 簡易工具較為彈性：敏捷建模者可使用索引卡（index card）、便利貼、餐巾紙、或一般紙張等，簡易工具可以任意擺放、不需要時可任意丟棄，且簡易工具可以建立各式各樣的模型。

- 簡易工具可以快速上手且易於理解：不像複雜的 CASE 工具，簡易工具不需學習即可運用，而建立出來的模型易於理解。

- 簡易工具有可攜性：舉例而言，只要將索引卡放入公事包即可隨時取用。

- 簡易工具可促進反覆與漸增的軟體開發：反覆（iterative）與漸增（incremental）的軟體開發模式的特性在於一次只處理一小部分的議題，而簡易工具非常適合用於探索較小的議題。一旦建模者運用簡易工具，勢必會傾向將系統開發切割為若干小議題再分別進行建模，這有助於反覆與漸增的軟體開發模式之落實。

簡易工具可促進輕量的開發（traveling light）

雖然簡易工具有眾多優點，但仍有部分缺點，也因此在運用簡易工具時亦需審慎評估。簡易工具的缺點包含：

- 簡易工具有侷限性（limited）：卡片或紙張等簡易工具無法呈現所有的模型內涵，具有侷限性。

- 簡易工具較不適用於建立需長久保存的文件：卡片或紙張等簡易工具對於當前的需求建立已相當足夠，但若希望多年後仍能讓非專案人員理解這些需求，簡易工具顯然無法勝任，此時就需要透過 CASE 工具達成此要求。

- 簡易工具較不適用於分散式的團隊：簡易工具通常是卡片或紙張等實體，會需要成員於同一地點與時間一同使用這些工具，因此，此模式對於分散式團隊顯然不適用。雖然電子化的白板系統或是網路會議系統等軟體可部分因應此問題，但仍有其他議題需解決，如文件控管、版本控管等。

8-3 CRC Cards[41]

CRC cards（Class-Responsibility-Collaborator cards）是在 1989 年由 Kent Beck 與 Ward Cunningham 所共同提出[42]，原本是在其實驗室中作為訓練物件導向思考方式的教學工具，現今已成為一個實用的敏捷思考工具（agile thinking tool）。CRC cards 在短期設計會議中特別具實用性，專案相關人士可以透過 CRC card 溝通系統之設計理念，並呈現出系統之高階概念設計。我們可使用 CRC card 來描述元件（component）、子系統（subsystem）、服務（service）或介面（interface）的責任。為何我們要使用 CRC card？因為 CRC cards 包含了以下這些優點：

- CRC card 具可攜性（portable），也就是說，不必依賴電腦，且在任何地方皆可使用，若不需要時可隨時撕毀。
- CRC card 可用於教授物件導向發展方法。
- CRC card 可以讓參與的團隊第一時間就可討論系統如何運作。
- CRC card 可作為許多正規方法（如 UP、Booch method 等）的前置步驟（front end）。

CRC cards 是 3x5 或 4x6 英吋的索引卡（index cards），其簡易格式如下圖所示：

---

41 參考附錄 B「CRC 卡」。

42 http://c2.com/doc/oopsla89/paper.html

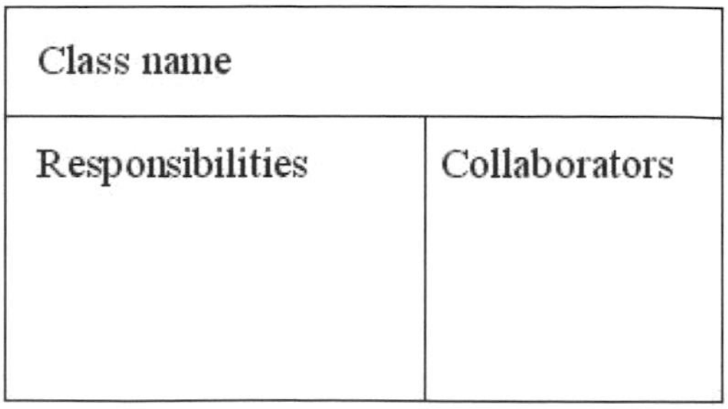

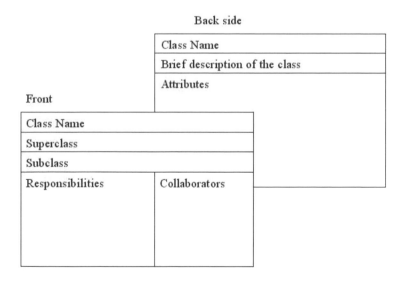

圖 8-4　CRC card **簡易格式**

　　CRC card 包含此類別的名稱（class）、責任（responsibility）與合作者（collaborator）。責任是此類別的認知（knows）或執行的動作（does），而合作者是此類別會進行互動（interaction）的其他類別，透過此互動達成此類別需完成之責任。而 CRC cards 並無標準型式，使用者可以依需要客製其格式，下圖是其他兩個 CRC card 之格式範例：

圖 8-5　CRC card **其他格式範例**

建立 CRC models 主要包含三個主要步驟：(1) 尋找類別 (2) 尋找責任 (3) 定義合作者

- **尋找類別**（class）：透過使用案例（或劇本）、使用者故事（user story）、問題陳述（problem statement）、辭彙表（glossary）、或其他文件的名詞/動詞分析達成。名詞（或名詞片語）可能作為系統的類別，而動詞（或動詞片語）可能成為某類別之責任。我們需識別出關鍵的關鍵抽象概念（key abstraction）作為候選類別。

- **尋找責任**（responsibility）：要先瞭解此類別要執行的動作有哪些。舉例來說，在一個訂單處理系統中，客戶類別可以建立訂單，而訂單類別則需計算總和金額。再瞭解此類別知道哪些資訊。舉例而言，客戶類別需要紀錄客戶的名字、住址與電話等資訊。

- **定義合作者**（collaborator）：合作發生於此類別需要取得非其擁有之資訊，或此類別需要更新目前知道的資訊。舉例而言，當客戶類別想要建立訂單，則訂單類別為客戶類別的合作者；若訂單類別想要確認客戶目前的信用資訊，則客戶類別為訂單類別的合作者。

以第四章提及之訂購處理系統（Order Process System, OPS）為例，透過分析 OPS 之問題陳述（problem statement），我們可識別出多個名詞或名詞片語，以作為候選類別：mail、company、reseller、products、suppliers、season、catalog、customer、people、items、payment、Internet、credit card、money order、order、customer's address、service、customer's requests、shipping status。接著我們遵循敏捷建模原則：設定簡易，以及敏捷建模實務：維持簡單的內容、簡單地描述模型、使用最簡單的工具等，我們識別出幾個核心抽象概念，包含客戶（Customer）、訂購（Order）、訂購項目（Order Item）與付款（Payment）等，我們建立了如下之四個 CRC cards：

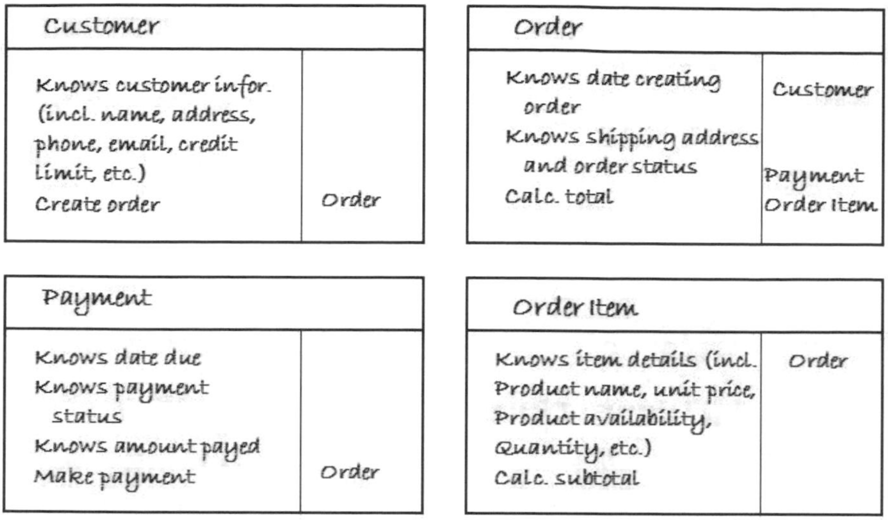

圖 8-6　POS 系統之 CRC card 範例

8-4　小幅思考（Thinking Small）[43]

　　小幅思考的主要目標在於，若我們能將要處理的事情盡可能變小，就很可能讓此事變得簡單，看待組織大小時，我們認為「小即是美（small is beautiful）」，因而傾向建立單位規模小但有彈性的組織架構，而在軟體發展模式上，我們更認為「小即是敏捷（small is agile）」，根據上述觀念，我們可實施以下的作法以達成有效的敏捷建模：

- 短小的建模會議（small modeling sessions）：建模會議僅聚焦於系統的一個部分，接著完成此部分的開發，再很快的獲得回饋。

- 小型團隊（small team）：透過小型團隊降低管理成本及提升溝通效率。

43　Small is agile." vs "Small is beautiful." [Ambler02]

- 小的模型（small models）：小的模型相較於大的模型更容易建立與理解，因此，需求、架構與詳細設計等皆可透過多個小圖表（而非一個大圖表）達成較好的溝通。

- 小的文件（small documents）：透過叫精簡的文件內容達成輕量開發的目標，避免讓文件開發成為軟體發展的負擔。

8-5 敏捷模型驅動開發（Agile Model-Driven Development, AMDD）

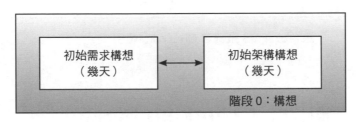

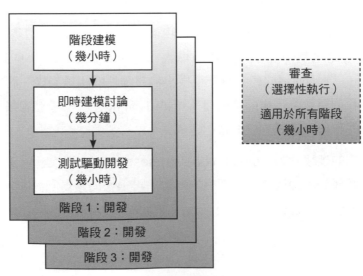

圖 8-7 敏捷模型驅動開發流程

　　一般模型驅動開發方法包含一系列循序的開發步驟 [44]，其最大的特色在於讓開發者實際撰寫程式之前先發展完整的模型（model），而 Ambler 所提倡的敏捷模型驅動開發方法（Agile Model-Driven Development, AMDD）[45] 跟一般 MDD 的差異在於 AMDD 不希望開發者先發展大量完整的模型，相反地，AMDD 認為開發者在進行實際開發工作前僅需發展勉強夠用（just barely good enough）的模型即可，日後可再追加各發展階段（iteration）的模型，或針對特定議題進行建模與討論。圖 8-7 為敏捷模型驅動開發流程，在此圖中每一個方塊都代表一個開發活動，主要開發活動包含：

- 初始構想（envisioning）：此為整個開發流程的第一個階段（Iteration 0），包含兩個子活動：初始需求構想（initial requirements envisioning）與初始架構構想（initial architectural envisioning），其目的在於定義系統的範圍與定義可能的架構，因此，在此階段並不需要制定詳細的分析或設計規格，而是要能決定出這個軟體的大致需求與開發策略。初始需求構想階段可包含建立使用模型（usage model）以描述使用者與系統之互動、建立初始領域模型（initial domain model）以找出基礎的領域物件（domain object），以及物件之間的關係、或建立初始使用者介面模型（initial user interface model）以分析使用者介面與使用性（usability）議題。初始架構構想階段則希望透過初步擬定的架構建立一個可行的技術方向，並能提供足夠的資訊以利分工，因此架構模型不需過於細節，只要滿足上述的目標即可。一般而言，如前面提及的繪製在白板上的草稿或 CRC Card 均是合適的初始架構呈現方式。

- 階段建模（iteration modeling）：在每個發展階段，均會規劃此階段要實作的需求，而階段建模活動即是針對這些需求建立較完整的分析與設計模型，其主要目的在於能夠更準確地預估要開發這些需求的所需時間，

---

44 可參考本書第 11 章「模型驅動架構」

45 http://www.agilemodeling.com/essays/amdd.htm

因此，重要較高的工作項目應發展較詳細的模型，而重要性較低的工作
項目則可發展較粗略的模型即可。

- 即時建模討論（model storming）：即時建模討論亦稱 JIT 建模（just in
  time modeling），並非固定的流程活動，其執行時機非常彈性，通常是在
  有重大議題（issue）發生時，由負責人召集少數幾位團隊成員針對此議
  題進行建模與討論。而在極限製程方法中，即時建模討論會議也被稱為站
  立設計會議（stand up session）或客戶問答會議（customer Q&A session）。

- 測試驅動開發（Test-Driven Development, TDD）：在第 7 章「物件導向
  軟體測試」一章中，以一個簡單的實例說明 TDD 的概念與實作方法。測
  試驅動開發方法是 AMDD 在實際進行開發活動時所採用的方式，TDD 包
  含測試優先設計（Test First Design, TFD）與重構（refactoring）兩個部
  分，TFD 的作法是先在撰寫程式前先發展可執行的測試案例，確認測試
  案例可執行但無法通過後，再修改程式碼使其通過測試；重構則是在測
  試案例通過後，對程式碼進行品質改善與壞味道（bad smell）去除，接著
  再進行一次單元測試，確保程式行為不變。在此階段的建模活動反映於
  兩種可執行規格（executable specification）上：使用者測試（user test）案
  例與開發者測試（developer test）案例，分別代表詳細需求與詳細設計。

- 審查（review）：開發團隊可視情況決定是否進行額外的模型審查
  （model review）甚或程式碼檢視（code inspection），一般原則是較大的
  專案或遇到較複雜的狀況再進行審查即可，透過審查可提供有效的回饋。

8-6 敏捷建模資源

在 Ambler 所建構的敏捷建模網站（http://www.agilemodeling.com/）
中，有大量的相關學習資源，包含完整的敏捷建模發展方針（discipline），
如敏捷需求建模、敏捷分析、敏捷設計、敏捷架構建置等，以及豐富的敏捷
建模實務方法，如反覆建模（iteration modeling）、可執行規格（executable

specifications）、測試驅動開發方法（test-driven development）等，讀者可參考此網站進行更深入的瞭解。

補充資料 1：極限製程（eXtreming Programming）

極限製程（Extreme Programming, XP）是 Kent Beck 於 1999 年提出，目的是提倡更能「擁抱改變」（Embrace Changes）的敏捷開發方式（Agile Method）[Beck00]。XP 的重要準則包含：

- 快速回應客戶並能根據回應進行調適。
- 邁向複雜方案前，發展符合需要的最簡單解決方案。
- 經由小幅、遞增的改變持續地改善軟體。
- 擁抱改變（即敏捷方法的宗旨之一）。
- 堅持軟體應持續地展現出工藝品質的最高水準。

極限製程提出了 12 個著名的敏捷實務作法（practice），包含：

- **小幅釋出（Small Releases）**：在短時程的開發週期內（一至三週）可以釋出具有完整功能的版本，並持續改善。
- **規劃遊戲（Planning Game）**：在客戶已完成使用者故事（User Story）的前提下，開發者與客戶共同合作進行每個開發週期的規劃與預估。
- **重構（Refactoring）**：在不改變程式行為介面的前提下（即可接受的輸入與可產生的輸出不變），透過調整程式碼結構或改寫程式碼來達成改善程式碼品質的目標。
- **測試（Testing）**：開發者負責撰寫自動化的單元測試案例（Unit Test Case），客戶則負責撰寫驗收測試案例（Acceptance Test Case）。
- **配對程式開發（Pair Programming）**：兩位程式開發者一起使用同一個鍵盤與同一個螢幕，共同開發程式。其模式為一人主寫，另一人則進行即時的審查（review），透過兩人不同的觀點盡早找出程式的缺陷，以改善程式的品質。

- **可持續的速度（Sustainable Pace）**：以可持續的速度進行工作（通常是指一週最多工作 40 小時），以建構有品質的程式碼。

- **團隊共有程式碼**：程式碼是由團隊中的所有人共有，而非每個人僅負責系統的一部份。換言之，團隊中的任兩人應可隨時交換其目前撰寫的程式碼，並能順利地繼續完成開發。

- **程式碼標準（Coding Standard）**：團隊應統一規範所有成員撰寫程式碼的風格，包含變數命名、縮排、註解形式等。倘若團隊中每個人的程式風格均不相同，容易造成日後整合與維護的困難。

- **簡單設計（Simple Design）**：應盡可能用最簡單的設計達成使用者需求。XP 強調設計並不是一次就可以到達完美，透過簡單的設計、測試與設計的改善，逐步修正設計，使系統可以切合使用者需求與系統品質。簡單設計的原則包含：(1) 程式碼與單元測試案例要能完整傳達程式開發者的想法；(2) 沒有重複的程式碼；(3) 設計最少量且必要的類別（class）；(4) 設計最少量且必要的方法（method）。

- **隱喻（Metaphor）**：提供方便簡單的隱喻，以便進行系統行為的構思與討論。舉例而言：透過暫存區（buffer）方式提升字元輸出效率的設計，即可命名為垃圾車（收集足夠的字元才一次輸出）。

- **持續整合（Continuous Integration）**：團隊中多位開發者之程式碼應能持續進行整合，其整合週期應至少一天一次，以確保隨時均有可用的最新版本可供測試與展示。

- **客戶駐點（On-Site Customer）**：顧客代表也是開發團隊成員之一，在開發過程中必須全職參與開發團隊的討論，如此可以省去需求文件化的時間，以及避免閱讀需求文件可能產生的錯誤。客戶駐點是要能成功建構使用者故事的基礎。

使用者故事（User Story）

　　使用者故事（User Story）是 XP 中重要的作法之一，一個使用者故事是一段簡單的高階功能敘述，是以客戶或使用者的觀點撰寫的有價值之功能或特色描述。使用者故事的撰寫順序與日後的開發順序無關，若使用者故事太過複雜，可以拆解成多個較小的故事，而若多個使用者故事範圍都太小，則可將其合併。而使用者故事必須能夠測試，亦即在使用者故事中應包含驗收測試案例（Acceptance Test Case）。

　　使用者故事與傳統軟體工程中的使用案例（Use Case）或劇本（Scenario）在本質上均有相當的差異。使用者故事與使用案例的差異在於其牽涉的需求範圍，使用者故事相對而言牽涉的需求範圍較小（僅為一個高階功能需求），使用案例則可能在一個案例中包含多個功能（亦即多個故事）。使用者故事與劇本差異則在於兩個部分：範圍與細節程度。在需求範圍部分，一個劇本同樣可能含括了多個使用者故事；而在細節程度上，劇本則較使用者故事更為詳盡（使用者故事較為高階）。

　　底下是訂單系統的使用者故事範例，提供讀者參考：

- 客戶可線上下訂單
- 客戶可搜尋庫存的商品項目
- 客戶可以將一個商品項目加入訂單
- 客戶可在實際下訂單前刪除目前訂單中的商品項目
- 客戶可在訂單中輸入其帳單地址、送貨地址以及信用卡資訊
- 系統會計算與顯示訂單的總額，並會線上進行信用卡付款

📇 補充資料 2：敏捷統合流程（Agile Unified Process, AUP）

敏捷統合流程（Agile Unified Process, AUP）是統合流程（Unified Process, UP）的簡化版本，此流程規範了一個簡單且易懂的方法，讓開發者在統合流程的框架下，可透過敏捷技術與概念發展商業應用軟體。

AUP 結合了多項敏捷技術以提升團隊生產力，包含測試驅動開發方法（Test Driven Development, TDD）、敏捷模型驅動開發方法（Agile Model Driven Development, AMDD）、敏捷變更管理方法（Agile Change Management）、以及資料庫重構方法（Database Refactoring）等。其中，AMDD 是模型驅動開發方法（Model Driven Development, MDD）的敏捷版，而 MDD 是在程式碼撰寫前先建構模型的軟體開發方法，模型驅動架構（Model Driven Architecture, MDA）則是以 OMG（Object Management Group）標準為基礎的 MDD 具體落實方法。

AUP 遵循以下幾項敏捷建模原則：

- **組織員工會瞭解目前他們正在進行什麼工作**：員工不必閱讀詳盡的流程文件，但有時他們會需要高階的執行準則或教育訓練。

- **簡易**：每件事都只透過數頁文件簡明的描述，不需要成千上萬頁厚重的程序書。

- **敏捷**：AUP 會遵循敏捷聯盟（Agile Alliance）訂立的敏捷核心真義（value）與原則。

- **聚焦於高價值的活動**：僅聚焦於實質有意義的活動，而不是專案中所有可能會發生的事情。

- **與工具無關**：可使用任何工具去落實 AUP。基本上，你可使用最適合目前工作性質的工具，可能是最簡單的工具（如紙筆或白板），亦或是開發原始碼工具。

- 可根據需求調適（tailor）敏捷統合流程產品：AUP 產品（以 HTML 格式撰寫的 AUP 流程文件）很容易就可以透過網頁編輯工具去進行調適，你不需要為了調適 AUP 產品去購買（昂貴的）特殊工具，或特別去上某些課程。

AUP 生命週期（Lifecycle）如下圖所示，與 UP 相比較，AUP 的工作流（Workflow，即 Discipline）做了部分的調整與修改：

- 建模（Model）工作流含括 UP 當中的商業建模、需求、以及分析與設計工作流：建模是 AUP 中極為重要的部分，但未到主宰整個流程的程度 - 模型與文件只做得差不多夠好即可（否則就落入太過於強調文件的傳統思維）。事實上，建模工作流的主要目的是為了建立軟體結構，包含以類別圖等呈現的軟體行為。

- 建構（configuration）與變更（change）管理工作流改為單獨的建構管理工作流：在敏捷開發方法中，變更管理活動變成了需求管理的一部份，而需求管理包含於建模工作流中。

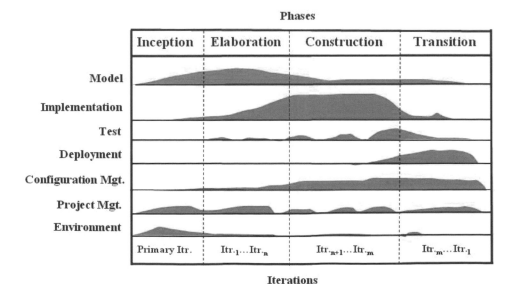

圖 8-8　AUP 生命週期

由於建模工作流是 AUP 中極為核心的部分，底下簡要說明建模工作流的四個重點工作：

- 商業建模（Business Modeling）：透過 UML 的活動圖（Activity Diagram）或商業流程管理標記方法（Business Process Management Notation, BPMN）去初步識別出系統參與者（actor）與使用案例（use case）。

- 需求（Requirements）：找出系統參與者與使用案例、細部描述使用案例、並發展使用案例模型（use case model）。

- 分析（Analysis）：根據使用案例模型建構出分析模型（analysis model），在分析模型中要找出可落實使用案例的概念類別（conceptual class）。

- 設計（Design）：根據分析模型建構出設計模型（design model），在設計模型中需設計更詳細且低階的類別，並要能對應到分析模型中的概念類別；接著將類別分群為套件（package），亦即子系統（subsystem）；最後，套用架構樣式（architectural pattern）去建立系統架構（system architecture）。

1. 由於需求勢必會隨著時間改變，請問當你進行系統建模與開發時，你會遵循哪些敏捷建模原則？

2. 請畫出產品（Product）類別的 CRC card。

3. 為了實現選課（Register for Courses, RfC）的使用者案例，我們識別出三個關鍵抽象概念：學生（Student）、教授（Professor）與課程（Course），而這些抽象概念都是建構 RfC 系統之候選類別。底下的 CRC cards 清楚描述了這三個類別之責任，請嘗試基於此三個 CRC card 畫出 RfC 系統之類別圖。

Student	
Knows student number Knows name Knows address Knows major Knows grad year Enroll in a course	Course

Course	
Knows course Id Knows course name Knows credit hours Add students Drop students	Student Professor

Professor	
Knows name Knows address Knows email address Knows tenure status	Course

圖 8-9 選課系統之 CRC card

4. 請問在建模時，運用紙張、白板等簡易工具與運用功能較完備的 CASE（Computer-Aided Software Engineering）工具的差異為何？你會運用何種工具進行建模？

5. 請問在敏捷模型驅動開發（AMDD）方法中的兩種建模活動：階段建模（iteration modeling）與即時建模討論（model storming），分別適合在什麼時機進行？這樣的建模方式與傳統的建模作法有何差異？

6. 極限製程（eXtreming Programming, XP）提出了 12 個著名的敏捷實務作法（practice），請問若你要導入 XP，你會優先導入哪些實務作法？原因為何？

9

CHAPTER

敏捷發展方法

軟體發展流程主要目的在於開發出有品質的軟體產品，敏捷發展方法以另一種價值觀與作法，期望能夠快速的發展出好的軟體產品。

本章主要探討敏捷發展方法 Scrum 的架構、概念與實作方法。

9-1 軟體發展流程價值

軟體工程主要探討兩種技術，包括軟體發展流程（process）和軟體模型產品（product）。目前存在許多軟體發展流程，例如瀑布模型（waterfall model）、統合模型（unified process）。軟體發展模型產品如 UML 規格（specification）、結構化分析設計的資料流程圖（data flow diagram）等。不管是軟體發展流程還是軟體模型產品的各種工程技術，目的無非是在有效的時間內，開發出有價值的軟體。而軟體價值則依賴兩個重點：將產品做對、將品質做好。「產品做對」指的是開發出使用者真正需要的軟體系統；「品質做好」則是做出讓使用者滿意的軟體系統，例如介面好用、架構得宜等。要把軟體系統做對、做好，有賴一個能夠創造合適溝通與合作的軟體開發環境。敏捷式發展方法（Agile method），目的是提供團隊成員間溝通，互動，互相學習機會，透過建立共同程式碼風格、設計方法。開發團隊能夠互相關心成員是否在專案上遭遇困難與障礙，協助排除使團隊朝客戶產品目標持續前進。

敏捷式發展方法源於 2001 年在美國猶它州發表的敏捷式宣言（Agile Manifesto），亦即「基本敏捷建模」一章所述四大核心真義，以下簡要加以說明：

- **個人和互動的價值超越流程與工具**：軟體開發流程可以指引系統發展者開發軟體系統的步驟，軟體開發工具可以協助系統發展者許多開發的工作，這兩者都在軟體系統發展上扮演重要的角色。但是最關鍵成功的要素還是軟體發展者，亦即軟體開發團隊以及每一個軟體發展的個人。所以個人的價值以及開發團隊良好的互動比開發流程和輔助工具更重要。

- **軟體製作的價值超越全面性的文件**：軟體系統開發文件記錄整個開發的歷程，以及促進開發團隊以及使用者的溝通，提供軟體系統開發的藍圖，對於往後系統的維護更形重要。但是儘管做出再好的文件，如果做出來的軟體系統問題百出，甚至系統無法正常執行等都是枉然。所以軟體系統真正的實作出來並且正常工作才是真正的目標。

- **客戶（使用者）合作的價值超越契約協商**：製作軟體系統專案最初步也是最重要的就是系統範圍，以及使用者需求。透過契約協商，使用者與開發者可以建立一致性的系統需求認知。不過軟體系統使用者一開始的需求常常是模糊不清、無法確定，往後的需求變更在所難免。況且契約協商再怎麼仔細，仍然會有很多地方是沒有規範到、或是考慮不清楚的地方。這時候唯有客戶跟開發者密切的合作，才能有成功的軟體專案。

- **反應改變的價值超越跟隨計畫**：事前做好軟體開發計畫，整個軟體專案的製作才能有所遵循。然而軟體需求總是會改變，計畫總是跟不上變化。一昧刻板的依照計畫步驟來實施，往往需要更多的變更控制機制與計畫來因應。唯有擁抱改變，迅速的反應改變，才能將軟體系統做對、做好。

1986，日本 Fuji, Canon, Honda 等公司嘗試以新的方法建構印表機、相機、汽車引擎等產品，90 年代之後，發展成為一種敏捷式的方法 - Scrum，強調以下概念：

- **提早開始**：任何軟體開發工作都提早開始，提早做軟體測試，提早設計驗收測試劇本，如此比較有可能看到軟體開發中的問題，也能提早因應，免於一改再改的做白工。

- **頻繁遞送產出**：一做出一部分的產品就交付給客戶或使用者檢視，充分頻繁的跟客戶溝通，才能確實掌握客戶真正的需求。

- **反覆評估目標**：不斷的有部分產出交付給客戶，不斷的評估開發工作是否達到預定的目標，若有問題，可以及早處理，也可以據此找出開發流程的問題，促進流程改善。

■ 反覆確認滿意度：基於頻繁將部分產品交付給客戶，可以不斷的跟客戶確認其滿意度，如此可以確認做出來的產品是客戶真正所需要的。

簡化發展（Simplify Development）

敏捷式方法透過簡化機制使軟體開發變得容易控制與掌握。試著思考以下兩個專案領導者對程式設計師的工作管理情境：第一個是專案領導者詳細規定程式設計師員撰寫程式的步驟與方法，程式設計師一個口令一個動作遵照領導者的指令；第二個情境是專案領導者規劃程式設計師該完成的程式模組介面與功能，程式設計師努力完成該程式模組。第一個情境可能導致專案領導者累死，程式設計師也會覺得礙手礙腳，第二個情境大家各負責自己的工作職責，可以快速的達成目標。

面對改變（Embrace Change）

當我們面對問題時，可以有兩種處理流程方法。一是使用預先定義或規劃好的標準流程，亦即定義式的流程；另一種則是根據經歷與當時的情況隨機應變，亦即實務流程或敏捷式的流程。定義式的流程強調的是預先做好規劃，一切按部就班的遵照指令執行計畫，一切都在掌控之中；臨時遇到狀況與當初規劃的不同就啟動改變控制機制以及風險管理機制，評估改變帶來的衝擊並執行變更措施，記錄所有的變化，讓一切逐漸回到當初規劃的軌道。

敏捷式的流程則是面對問題發生與解決的歷程來回饋學習，觀察問題的發生與環境的變化來調整解決問題的流程。其設計精神是為需求與環境的改變而規劃改變，目的是擁抱改變、適應改變，而不是控制改變。

當問題或需求的定義清楚且明確，解決的程序與操作容易理解，使用定義式流程是適合的。當問題或需求不清楚、不確定，商業環境變化快且難以預測，解決問題的程序太過複雜，使用經敏捷式經驗方法是適當的選擇。

9-2 敏捷式方法 Scrum（Agile-Scrum）

本章節以 Scrum 實務流程來闡釋敏捷式方法的實務操作。SCRUM 原意是橄欖球運動中爭球的意思。1991 年，DeGrace 和 Stahl 在「Wicked Problems, Righteous Solutions」一文中將所謂整體方法命名為 Scrum。1993 年，Sutherland 讀到兩位日本管理教授竹內弘高和野中郁次郎介紹運用在製造業開發新產品的方法「橄欖球（Rugby）」的文章，1995 年，Sutherland 和 Schwaber 在 OOPSLA95 會議上，共同發表論文正式介紹 Scrum 方法。

在專案管理領域中，成本、範圍（品質）和時間稱為專案管理鐵三角，意味專案經理在針對一個專案其管理目標為將成本與時間最小化，將範圍與品質最大化。敏捷式方法則是根據預算成本、和時間導出範圍與品質。

Scrum 並非用來解決問題，而是創造簡單、具生產力的工作環境，以利客戶與團隊工作。其目的是創造一個可以顯示所有障礙的環境，協助開發團隊達到所需生產力層次。Scrum 是敏捷式方法的一個框架，具有容易實做、可以有效改善公司組織的投資報酬率，其精神是讓客戶一起工作、簡化工作，移除規範信條。Scrum 將典型的長期軟體版本發行，降低為漸進的版本發行，每一次開發週期稱為 Sprint，原意為橄欖球比賽的一次衝刺達陣。以檢視與調適的手法增加對專案的控制力。確保每一個人做它們同意承諾作的事，而不是被命令做的事，但要確保每一個人在專案工作中能夠找到他們需要的挑戰或學習。

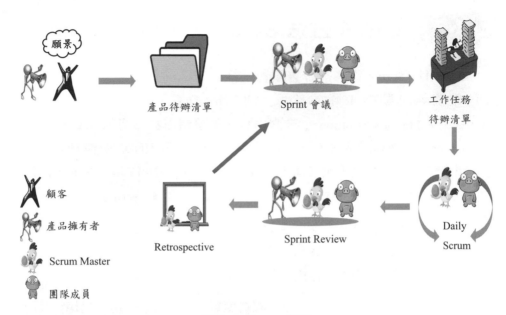

圖 9-1　Scrum 流程

面對改變的機制

Scrum 方法設計三個面對改變的機制，以處理變化多端的商業環境：

1. **反覆式的發展**：將整個專案分成許多次的開發週期，每一次的開發週期稱為一個衝刺（Sprint）。圖 9-1 顯示整個 Scrum 的流程，包括三個產出與四個會議，如此週而復始，直到專案結束或完成所有故事。

2. **自我組織**：團隊和客戶均負有責任選擇方法產出最有品質的產品。

3. **可視性**：讓專案開發變得更透明而容易掌握與面對，包括 (1) 暴露出風險與議題，使團隊充分了解並有時間因應，(2) 設計頻繁檢查點機制，以適時改變開發方向，(3) 產生清楚的生產力報告，協助評估開發進程。

團隊基本規則

1. 在團隊的溝通中，說話的句子裡不使用「你從不」或「你總是」。

2. 每天離開辦公室前，先檢查程式碼是否測試完整，是否簽入版本控管系統。

3. 準時參加各項會議，若遲到必須道歉並接受懲罰。

4. 若有人同時發言，使用一枝筆控制，擁有筆的人發言，其他人專注聆聽。

5. 每一個人的意見都是重要的，必須被充分瞭解與考量。

6. 假設每一個人以最好的意圖面對專案的開發活動。

9-3 Scrum 角色（Scrum Roles）

Scrum 架構中的四種角色分別是顧客（Stakeholder）、產品擁有者（Product Owner）、專案開發成員（Development team member）、以及 Scrum Master，後三者稱為 Scrum 團隊（Team）。顧客也可以是專案委託者，或是針對其應用領域有某種期望或願景（Vision），希望以此專案達成其目標。產品擁有者為顧客代表，其任務是闡明如何實現該願景的需求，包括功能需求與品質特性。專案開發成員負責瞭解專案需求定義，以進行專案開發活動。Scrum Master 任務是讓專案團隊運用 Scrum 順利完成專案開發。以下針對產品擁有者與 Scrum Master 的角色任務進一步說明。

產品擁有者

產品擁有者由一人代表專案委託者或是其聯絡窗口，專案委託者可以是企業組織內部或外部的客戶。其目的在建立並闡述委託者對於專案產品的願景，提供開發團隊在開發過程中對於產品設計與實做的相關決策之資訊。其工作項目為：

1. 負責專案開發的產品能為公司帶來利益。

2. 定義專案產品功能，可透過開發團隊的協助，產出專案產品待辦清單（Product backlog）。

3. 為產品功能的市場價值做優先排序

4. 根據投資報酬率決定專案工作項目的優先次序。

5. 負責每次開發週期（Sprint 衝刺），專案產品功能及優先順序的調整。

6. 負責專案開發團隊有關產品實做方向的決策。

7. 認可每次開發週期（Sprint 衝刺），專案團隊產品展示的結果。

8. 根據監控專案目標以及專案產品開發進程。

9. 決定專案產品的發布日期與其功能內容。

Scrum Master

1. 負責讓專案團隊能運用最佳實務以發揮 Scrum 價值與幫助公司得到最高投資報酬 。

2. 負責確認團隊成功所需的各項資源與技巧訓練，協助開發團隊移除相關障礙，增加團隊生產力。

3. 協助專案團隊建立 Scrum 四種會議制度。

4. 保護團隊免於不必要的干擾。

5. 擔任產品擁有者和專案團隊之間的橋樑，促進雙方合作。

6. 確保開發團隊能夠全力專注投入生產。

7. 輔助產出 Burndown chart 等的紀錄，確保最新的工作進度可以讓所有人看到。

Scrum Master 不是專案經理，而是一個改變的代理人。專注為團隊做事，沒有團隊管理職權，他有時代表管理者與團隊溝通，有時代表團隊與

管理者溝通，就好像是牧羊犬，要做好這個任務很難，卻是很重要。Scrum Master 候選人特徵包括：

1. 激勵者促進溝通者、指導者、非命令者，開闊心胸、願意接受改變。具有同理心，能傾聽團隊成員內心真正的聲音，並使用蘇格拉底的問答法瞭解真正問題。

2. 具有技術經驗，又有處理衝突的能力，著重於工作高於權位，能為團隊奮鬥與外部對抗時屹立不搖。

3. 能夠有足夠的敏感度與能力去預估與計算專案度量數據，其他制度與規範的部分很自由。能創造一個改善的軟體發展的環境，讓團隊成員願意專注於他們的工作。

開發團隊成員

開發團隊成員負責專案產品的實現。一個團隊約 5-9 個人，具有跨功能技術，包括分析、設計、寫程式、與測試。能夠全時間投入專案工作，負責產品待辦清單，以有限的標準與程序，團隊自我組織與管理，達成其對專案的承諾，並於開發週期結束後展示工作成果。只有在前一開發週期結束後與下一週期開始前間才能更換成員。Scrum Master 的角色類似球賽的教練，團隊成員則是團隊的隊員，又有一說是雞與豬。源自一個笑話是雞和豬準備合夥開早餐店，他們決定要賣火腿蛋餅，此時雞必須要努力生雞蛋，但是豬卻要犧牲他自己的肉，此故事意味著團隊成員必須犧牲他的肝來完成專案。

 Scrum 的產出（Scrum product）

產品待辦清單（Product backlog）

記錄產品需求的特性，產品開發時程的優先等級、預估價值、以及預估的完成時間，預估是歷史資料不需要隨時變更。產品特性通常以故事（Story）呈現，為開發團隊可展示和交付給產品擁有者需求項目的最小單位，如產品的需求、功能。產品擁有者要根據公司利益調整產品特性開發的優先權，通常依市場需求、產品時程、團隊資源、或功能重要性等加以調整。故事必須具備三個健康的觀點：包括有具體的特性（Features）、可以預估價值與大小（Estimates）、以及可以設定優先權（Priorities）。

9-5 使用者故事（User stories）

使用者故事組成

使用者故事包括三個部分：

1. 需求的簡要描述。

2. 需求特性：以對話形式，更進一步定義需求的細節，包括使用角色、使用目標、與使用理由。

3. 測試準則：確認建構的系統符合期望，在展示會議上作為產品擁有者驗收準則。

以一個電子商務拍賣網站為例，需求的簡要描述：

📁 允許賣家註冊

需求特性可以寫成三種故事劇本：

1. 做為一個賣家，我需要註冊我的個人資料（電子郵件、電話、住址），使得我可以張貼並賣票。

2. 做為一個票券安全管理者，我需要一個唯一的使用者帳號以及複雜的密碼，使得我可以保護客戶的個人資料。

3. 做為一個票券市場經理，我需要一個特定的報表系統，使得我可以撰寫市場規劃書。

針對第一個故事劇本，其特性的測試準則為：

1. 註冊一個賣家，輸入電子郵件、電話、住址，再以新註冊帳號登入。

2. 註冊一個已經存在的賣家，觀察出現的錯誤訊息。

使用者故事評估

針對每一個需求特性、或者使用者故事，給予一個的商業價值，價值準則參考為：

1. 這個特性可以製造或節省多少錢。

2. 這個特性價值多少錢。

3. 對於開發這個特性，開發者瞭解多少。

4. 發展這個特性，可以降低多少風險。

使用者故事檢驗準則

檢驗是否為一個好的使用者故事，可以使用 INVEST 準則：

1. 獨立（Independent），不與其他故事相關。

2. 可協調（Negotiable）調整優先順序或功能大小。

3. 有商業價值（Valuable）。

4. 可預估（Estimable）大小與開發時間。

5. 大小適當（Sized Appropriately）。

6. 可以驗收測試（Testable）。

故事點（Story Point）

表示使用者故事特性或一個工作任務的大小，是一種相對比較值，沒有單位。例如故事點 2 的使用者故事 A，應為故事點 5 的使用者故事 B，大小是 1/2 倍再小一點。故事點的建立可以在團隊每一次預估與最後完成的數據中，慢慢調整出比較穩定、符合團隊的大小。第一次預估時可以從使用者故事中選出一個團隊覺得不是最小也不是最大的故事，以此故事點數為 8，以此故事的大小為基準，估計其他的故事大小。團隊可以使用一般撲克牌以得懷法（Delphi Method）經過好幾輪的微調，同意最低的點數，Ace 代表 1，Jack 代表 13，Queen 代表 20，King 代表 40，2 再加上 3, 5, 8 點。

建立開發速度（Velocity）

每一個開發週期都有產出使用者故事點數，除以開發週期團隊總共投入的時間，經過多次開發週期，將能計算出團隊的開發速度。

工作任務待辦清單（Sprint backlog）

將產品待辦清單中須要建構的產品特性與使用者故事，在規劃會議中，由團隊討論分解成許多不同的工作任務。以剛剛的電子商務拍賣網站為例，需求的簡要描述為：允許賣家註冊。第一個使用者故事為：做為一個賣家，我需要註冊我的個人資料（電子郵件、電話、住址），使得我可以張貼並賣票。由團隊分解出的工作任務清單：

1. 設計註冊會員的資料庫。

2. 設計註冊會員的資料結構。

3. 設計註冊會員的類別架構。

4. 撰寫類別功能的程式碼。

5. 實施單元測試與驗收測試。

開發時程依團隊選擇，分為若干固定期間（2~4 週）衝刺（sprint）。

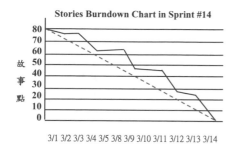 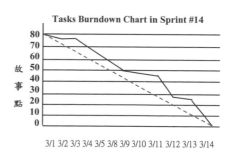

圖 9-2　Burndown chart

Burndown chart

每一個開發週期的開發進度報告，如圖 9-2，分為使用者故事和工作任務。縱軸是本開發週期所有故事點加總，縱軸是本開發週期的所有開發天數。每經過一天記錄未完成工作所剩餘的故事點，虛線代表理想的預估值，

實線代表實際發生的數據。此圖可以充分清楚呈現開發週期的工作進程，開發速度變化，以及與預估時間的差異。圖 9-2 左圖呈現的是使用者故事的完成資訊，是以使用者故事為單位計算完成的故事點曲線，右圖是以工作為單位計算完成的故事點曲線。以剛剛的電子商務拍賣網站為例，需求的簡要描述為：允許賣家註冊。有三個使用者故事，第一個使用者故事可以分解成五個工作任務。完成任一個工作任務，右圖 Task Burndown Chart 曲線就可以往下畫；左圖則必須完全完成一個使用者故事的所有工作任務，曲線才可以往下畫。

9-6 Scrum 會議（Scrum Mettings）

Sprint 規劃會議（Sprint planning）

每一開發週期（Sprint 衝刺）開始前，產品擁有者與 Scrum 團隊召開衝刺規劃會議，自產品待辦清單中選擇若干故事，由 Scrum 團隊將選中的故事分割成數個工作任務（task），每一個工作任務約 4~16 小時，記錄於工作任務清單（Sprint backlog），這些工作任務由 Scrum 團隊成員領取並在該次衝刺中完成。產品擁有者與團隊成員決定工作任務優先順序，並安排工作任務於此開發週期，一旦開始第一天的工作，工作任務優先次序將不再改變。規劃會議每次不超過 4 小時為原則。團隊成員討論此次衝刺的承諾與目標，以及第一天誰做哪些事。往後可以使用歷史工作速度資料，調整工作完成量的預估。每次的規劃會議，產品擁有者都須再說明這專案的願景。

規劃會議的程序，一開始由產品擁有者與專案團隊開一個產品待辦清單腦力激盪會議，指定相對的大小點數給產品待辦清單中的特性，接著開一個使用者故事腦力激盪會議，將高優先權的大的特性分解成使用者故事。運用使用者故事範本，建立相對的故事開發時間大小。相對的大小之表示方式是使用故事點（Story point）。

評估團隊成員實際可用的時間容量，根據過去開發專案的歷史資料預估團隊的開發速度（Velocity），決定需要多少次開發週期（Sprint 衝刺），規劃時專案時程，評估人力是否足夠。預估每個團隊成員可以貢獻在專案開發的真實時間，必須扣除放假日、預計參與會議時間、技術支援不同部門時間、以及處理行政事物時間。

每日會議（Daily scrum）

這個會議是每日主要控制與調適機制，此時可重新預估工作任務花費的時間。每上班日定時召開 15 分鐘，如上午 9:30~9:45，團隊成員站成一圓圈，逐次發言：昨天完成工作？今天準備做的工作？遭遇困難？團隊成員先報告，Scrum Master 再回應，成員不需報告花多少時間做甚麼、還剩多少時間等數字問題，若有任何難以處理的困難或問題，相關成員私下討論解決。會議結束後，Scrum Master 可獲知工作完成資訊，繪製故事與工作完成進度圖（Burndown chart），進度圖可在一天任何時間更新。此時可修改故事需求的狀態，例如將之移至完成區（Done）。表達昨天完成工作時，隊員在團隊工作版（task board）完成必要工作狀態修改（含完成日期），將之移至已完成區（Done）；在表達今天準備做的工作時，自待領區（Not Checked Out）取出工作，並標上自己姓名或代號與領取日期，並將工作移至領出區（Checked Out）。任務待辦清單的狀態，可在一天任何時間更新，三個產出，要放在公開、顯眼、容易看到的公共區域。

產品展示會議（Sprint review）

此會議是第二個檢視和調適時間點。在當次衝刺即將結束前，由非 Scrum Master 的團隊成員對產品擁有者展演已完成的功能及品質特性，一項項的說明所選之產品待辦清單的產出項目，檢視 Burndown chart 以及學到甚麼，並詢問產品擁有者對此產品之滿意程度。任何人包含其他團隊都可以來參與，最好能夠在 2 個小時內結束。會議中要檢視計畫項目和最後成果的差異，並允許互相討論。

回饋會議（Sprint retrospective）

第三個檢視與調適時間點，也是每一開發週期最後一項活動為回顧，通常為 15~30 分鐘，著重於持續改進。團隊的所有人員都要參與，由 Scrum Master 主持，檢討該次衝刺好的（Good）與待改進事項（Improvements）。討論問題包括團隊是否真正遵守時間區間、團隊是否自己指定工作、是否自我組織，或須 Scrum Master 大力推動？所有成員是否均有貢獻？ Daily scrum 是否遵守？是否有未使用的時間？是否對 Scrum 架構還不瞭解？

1. 軟體發展策略從傳統的結構策略（Structure Methodology）已逐漸轉移到敏捷開發策略（Agile Methodology），請問為什麼會有如此的轉變，有何好處？（101 年地方特考）

2. 請問何謂敏捷式開發（Agile Method）？如果某機關未來希望導入敏捷式開發來開發應用系統，請問使用敏捷式開發與傳統的系統開發方法有哪些差異？（101 年司法特考）

3. 敏捷開發（Agile Model）是屬於快速軟體開發（Rapid Application Development）的一種，身為分析師的你，基於哪些原理（Principles）而採用敏捷開發方法來發展軟體？請嘗試舉例說明。其主要的核心活動和資源控制變數（Resource Control Variables）有哪些？（101 年高考）

4. 請舉出實際案例，討論哪些適合定義式流程，哪些適合實務式的流程？

5. 若有人在 Scrum 團隊中同時扮演多種角色，將會產生什麼影響？若功能式經理扮演 Scrum 團隊成員的角色，將會有什麼影響？

6. 若公司組織決定實施 Scrum 流程，是否還須要專案經理的角色？如果沒有這個角色將有什麼影響？

7. 根據雞與豬開早餐店的故事，在許多組織 Scrum Master 和產品擁有者是否也可能扮演豬的角色，試論之。

8. 團隊中有兩個程式師、一個品保人員。開發流程進行到設計階段，品保人員是否要參加設計會議？

9. Daily scrum 於 9:00 開始，但 9:05 仍不見 Scrum Master，團隊該如何做？

10. 一個大型軟體公司有 500 位開發工程師在美國和歐洲，以及 150 位擔任軟體品質保證的員工在台灣。為了讓他們能正常實施團隊運作？需要注意哪些？

11. 團隊甲正要進行專案 A，預估專案 A 共需 250 故事點。根據過去統計的歷史資料，若團隊甲平均一個開發週期能產出 50 故事點，則此專案需要多少次開發週期才能完成此專案？若無法在期限內完成，此團隊將如何因應？

10

CHAPTER

責任驅動設計

摘 要

10-1 責任驅動設計概念 （Sorne Perspectives Construct, RDD）

在系統分析階段找到系統的責任以及系統的類別，責任驅動設計（Responsibility-Driven Design ,RDD）方法是根據系統的責任，來設計類別的行為與方法或功能。這一節將介紹責任驅動設計的一些基本概念 [WBM03]。

一個物件可以扮演一個或多個角色，並實現這些角色的任務。

- 一個角色（role）是一組相關責任的集合。
- 一個責任（responsibility）是執行一項工作任務或去瞭解一個資訊的義務（obligation）
- 一項合作（collaboration）是物件之間的互動、或是角色（roll）、或包含兩者。
- 一份契約（contract）描述物件之間的合作（collaboration）協定。
- 一個應用程式（application）是由一群物件（objects）組成，應用程式的功能則由這些物件的互動實現。

以物件為核心的思考（Thinking in Objects）

物件導向分析與設計方法，必須以物件為核心的思考切入；如何找出系統的責任並由物件所扮演的角色來完成，是一項重要的工作。有許多學者針對物件與責任有深刻的討論。

物件不只是包含資料與邏輯，他們還是物件社群的責任成員。一個物件包含一組角色以及該角色負有的責任 [WBM03]。對責任充分的瞭解，是物件導向設計的關鍵（Martin Fowler）。要瞭解軟體複雜的行為，從責任的角度去思考與探索，是一個最好的方法。有關責任的轉移與設計實現是值得深思的（R. Wirfs-Brock）。

責任驅動設計流程（The RDD Process）

物件導向設計，是創造出互動物件模型的一個過程；簡言之，單純使用物件導向程式語言，無法保證能創造出什麼奇蹟的結果（R. Wirfs-Brock）。責任驅動設計才是其設計關鍵所在。

責任驅動設計流程是設計軟體的方法 [WBM03]，其概念為：

- 強調物件的角色、責任、和合作的動態模型。
- 使用非正規的技術與工具，例如 CRC 卡。
- 以責任的概念與思考方式，強調從極致程式 XP 到物件導向發展流程 RUP。

軟體開發方法大致可分為兩種發展流程 [WBM03]，一是嚴謹規劃的直線式線性式發展路徑，這種路徑較不易校正（revisions），如傳統的瀑布生命週期，另外是彈性的責任驅動設計發展路徑如圖 10-1。

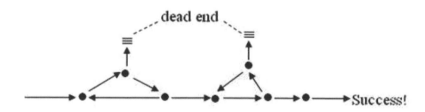

圖 10-1　彈性的責任驅動設計發展路徑

彈性的發展路徑是彎曲多變，常常會偏離正軌，因為計畫總是常常會修正，所以設計也需要具有可變的與可適應性的機制。

10-2 責任驅動設計簡介
（Responsibility-Driven Design）

　　責任驅動設計是一種物件導向建模技術。這種技術是一種物件導向軟體設計的隱喻之思考方式。將軟體中的物件比擬為現實中的人，每個人有責任跟其他人一起合作，共同完成一項工作任務。責任驅動設計引領我們將物件導向設計看成是一個負有責任互相合作的社群 [Larman05]。

　　責任驅動設計不只強調工作任務的動作如何完成，更強調哪些物件完成哪些動作。UML 將責任定義為一個分類（classifier）的契約或義務 [OMG03]。責任的關鍵項目內容是做事能力（doing）和知道資訊（knowing）[WBM03]。做事能力意謂物件能夠執行的動作，知道資訊則是物件知道且維護的知識。

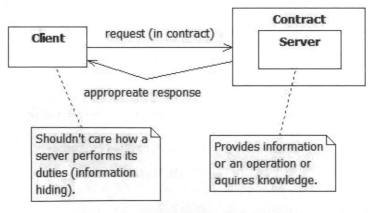

圖 10-2　客戶端與伺服器的合作關係

　　社群合作建構出客戶端（client）與伺服器端（server）互動的模型。客戶端要求伺服器執行一個操作，或者傳回一項知識。伺服器則根據客戶端的請求適當的執行一個操作或提供資訊，而客戶端並不在乎伺服器如何完成他的責任，此為資訊隱藏（information hiding）。客戶端和伺服器在合作過程中各有其物件扮演的角色。客戶端和伺服器的合作關係應該要簽訂一項契約，契約內容是雙方都同意的項目，描述共同合作的方式，如圖 10-2 所示。

10-3 設計建模（Modeling the Design）

設計建模的流程

1. 找出物件：

- 候選類別或物件 [SM88]

  - 有形的實體（tangible things）：例如汽車、壓力感應器。

  - 角色：例如母親、教師、政治家。

  - 事件：例如飛機著陸、插斷、請求。

  - 互動：例如借書、開會、交會。

- 使用名詞 / 動詞分析需求文件

  - 名詞或名詞片語代表類別或屬性。

  - 動詞或動詞片語代表操作或責任。

- CRC 分析

  - 以腦力激盪會議收集資訊。

  - 分析資訊。

- 找出關鍵抽象概念（key abstractions）：類別或物件出現在問題領域的字彙裡的一部份。

2. 決定責任

UML 將責任定義為一個分類（classifier）的契約或義務 [OMG03]。在使用案例的描述中，或者系統行為的意義中，可以發現許多相關的責任。責任的關鍵項目內容是做事能力（doing）和知道資訊（knowing）[WBM03]。

3. 決定合作方式

合作意謂著一個物件對其他物件的請求。假如一個物件無法獨力完成某項責任，他將請求其他物件的合作，共同完成此項責任。在程式中物件要互相合作，否則就會產生一個巨大的物件來做完所有事情，如此將違反高內聚力（cohesion）低耦合（coupling）原則。

物件契約

物件契約描述完成工作之前的條件（保證使用的條件），以及工作完成之後的影響（事後影響保證）。因此契約是合作項目的同意條款。例如，在一個自動提款機（ATM）系統中，客戶可能查詢帳戶餘額。存取帳戶契約可以定義為：

契約：存取帳戶餘額

服務者：帳戶（Account）

客戶：提款（withdrawal）、轉帳（transfer）、存款（deposit）、查詢餘額（inquiry）

描述：定義帳戶餘額被存取的方式

10-4 案例研究：選課系統
（Course Registration System, CRS）

圖 10-3 是選課系統的部分使用案例圖。

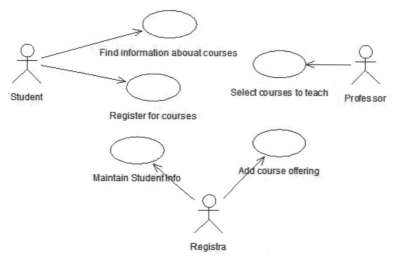

圖 10-3 RCS 系統部分使用案例圖

主要劇本流程：

1. 學生要求選課課表。

2. 系統準備一份空白課表。

3. 系統由課程目錄顯示可供選擇的課程。

4. 學生選擇最多 4 門基本課程與 2 門教授提供的在課表內的替代課程。

5. 對每一課程系統確認學生修有必要的先修課程，並將該生登記至該課程。

6. 當學生指已完成選課，系統儲存該課表。

　　根據使用案例描述劇本，找出畫底線的適當類別包括：學生（Student）、課表（Schedule）、系統（System）、課程（Course）、目錄（Catalog）、教師（Professor）、先修課程（Prerequisite）。為了簡化起見，我們選擇學生（Student）、課程（Course）、教師（Professor）為關鍵抽象概念，即核心類別，接著將他們寫在 CRC 卡上，如圖 10-4 正面與圖 10-5 的反面。這兩張圖是使用 QuickCRC[46] 繪製。一個完整的模型可以使用漸進、反覆式發展方法完成。

Student	Flip
Superclasses:	
Subclasses:	
Responsibilities:	Collaborators:
Enroll in courses	Course

Course	Flip
Superclasses:	
Subclasses:	
Responsibilities:	Collaborators:
Addstudent	Student
Dropp student	

Professor	Flip
Superclasses:	
Subclasses:	
Responsibilities:	Collaborators:
Instruct courses	Course

Enrooment	Flip
Superclasses:	
Subclasses:	
Responsibilities:	Collaborators:
Check prerequisites	Course, Student
Calc final mark	

圖 10-4　CRC 卡之正面（責任與合作）

___

46 QuickCRC 工具是 Excel Software 公司的產品。

Student	Flip
Description:	
Students who register at the NCU.	
Attributes:	
Knows student id	
knows address	
knows major	
knows grad year	

Course	Flip
Description:	
Courses offered at the depatment of CSIE.	
Attributes:	
Knows course id	
knows course name	
knows credit hours	
location	

Professor	Flip
Description:	
Professors of the NCU.	
Attributes:	
Knows name	
knows address	
knows tenure status	
knows email address	

Enrooment	Flip
Description:	
Attributes:	
Knows prerequisites	
knows marks received	

圖 10-5　CRC 卡之反面（屬性）

如何將 CRC 卡轉換為 UML 類別圖，下表顯示 UML 與 CRC 的對應關係：

UML 類別圖	CRC
類別名稱	類別名稱
類別繼承	父類別 / 子類別
屬性	責任（類別知道的事）
操作	責任（類別要做的事）
結合名稱	合作

不過 CRC 卡可以使用工具自動轉換到 UML 類別圖模型 [47]，這個模型如圖 10-6 所示，是從圖 10-4 和圖 10-5 CRC 卡自動轉換的選課系統之部分類別圖模型。

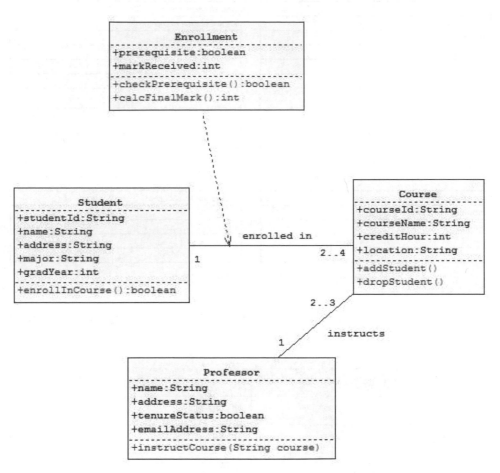

圖 10-6　以工具從 CRC 卡轉出來的類別模型

---

47 使用 QuickUML 工具，Excel Software 公司產品。

　　責任是一種契約或是類別的義務。要建立一個好的類別模型，一個好的切入點是從問題領域描述的東西之責任分析起。對於分析問題領域獲解決方案的抽象概念分析建模，CRC 卡和以使用案例為基礎的分析方法（例如使用劇本），可以提供很大的協助 [Booch07]。

10-5 使用 CRC 卡發展軟體

　　整個軟體開發的流程可以用圖 10-7 說明。使用者對於系統的需求，以一般文字記錄成問題描述（Problem Statement）以及使用案例模型，系統的使用介面以使用介面雛形分析設計。接著以 CRC 模型表示系統中責任、角色與合作的關連性，使用工具自動或手動的轉換成類別圖模型；類別圖也可以藉由工具手動或自動轉換到程式碼模型。

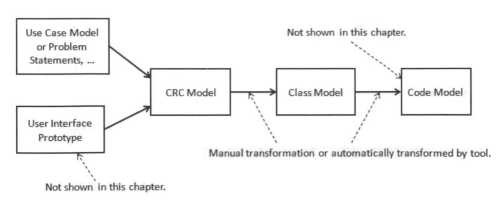

圖 10-7　物件導向發展模型 [White paper of Scott W. Ambler 1998]

階層架構（A Layer Architecture）

整個軟體開發流程上，在建立 CRC 模型和類別圖模型時，可以輔以架構設計流程。架構設計可以參考過去發展過的系統架構，或者使用架構設計樣式來設計系統或軟體架構。例如針對一個網頁應用程式（Web Application），可以使用以下階層式架構樣式：

- 表現層（Presentation）：例如客戶端的瀏覽器，其物件 Roll 扮演視窗介面的角色。

- 應用程式服務層（Application Services）：例如網頁應用程式伺服器，其物件 Roll 扮演協調和控制的角色。

- 領域服務層（Domain Services）：例如應用程式伺服器，其物件 Roll 扮演資訊持有者、服務提供者、結構者、協調者、與控制者角色。

- 技術服務層（Technical Services）：例如資料庫伺服器，其物件 Roll 扮演資料儲存中介者角色。

彈性（Flexibility）

軟體設計的本質並不具備彈性。若軟體曾被設計具有伸縮的彈性，亦即被設定具有擴充的能力，他具有變更設計的結構，針對需求變更時，變更設計的工作變得比較不困難 [WBM03]。

在韋氏字典第 17 版，彈性定義為：有能力反應或適應新的或變化的情境（Flexible: Capable of responding or conforming to new or changing situations - Webster's Seventh New Collegiate Dictionary）

設計軟體成為角色、責任和合作的集合，是打造彈性軟體的第一步。彈性軟體可以動態的改變他自己的行為以適應其環境的變化。

運用好的設計原則以及設計樣式，可以設計出具有彈性與可擴展性的軟體。

10-6 保護變異設計原則（Protected Variations design principle）[48]

【問題】

如何設計物件、子系統、或系統，使得這些元件的變異點（variations, hot spots）[Pree95] 或不穩定的部分，不會對其他元件有非預期的影響。

【解決方案】

找出預測變異或不穩定的點，指定責任造出這些變異部分之穩定的外部介面。

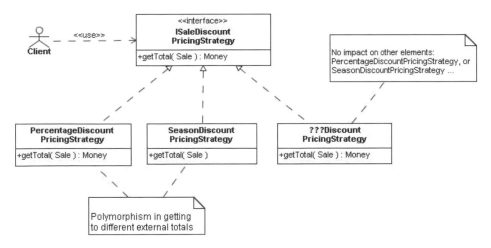

圖 10-8 價格折扣策略保護變異點

---

48 參考第 5 章「軟體設計原理」。

圖 10-8 顯示價格折扣策略保護變異點的範例，其中有兩種變異點：

1. **變異點（Variation point）**：在目前現存的系統或需求，例如支援多重銷售折扣價格策略。

2. **演化點（Evolution point）**：不確定的變異點在目前系統尚未呈現出來，不過未來可能會發生。

大部分的設計原則，例如繼承取代原則（Liskov Substitution Principle）、資訊隱藏（Information hiding）、開放封閉原則（Open-Closed Principle）、以及大部分的 GoF 設計原則都有保護變異點機制。

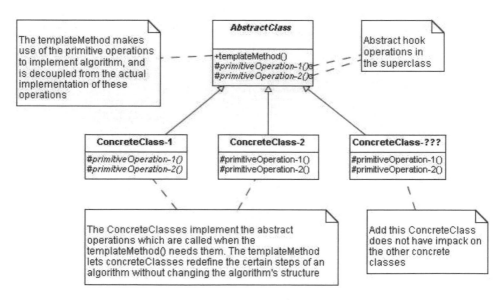

圖 10-9　範本方法設計樣式

使用範本方法（Template Methods）和 Hooks 設計樣式可以支援保護變異機制，如圖 10-9。範本方法設計樣式，在父類別定義一個範本方法為抽象類別，表達演算法的骨架（例如 primitiveOperation1() 和 primitiveOperation2()），演算法的實作則放在子類別。

　　圖 10-10 是運用範本方法設計樣式於 ATM 系統。父類別是線上交易抽象類別，其中兩個抽象方法為準備提出要求，以及提出要求，在父類別只勾勒出演算骨架，下面不同的子類別會實作出各自需要的準備提出要求、以及提出要求之具體演算法。

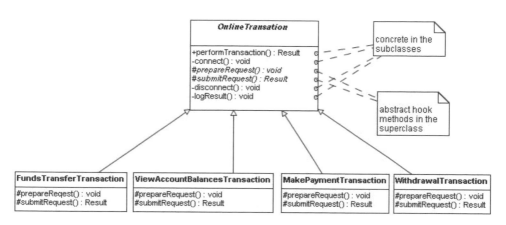

圖 10-10　範本方法設計樣式於 ATM 系統 [WBM03]

📝 補充資料：角色、責任與合作

　　物件的角色、責任與合作（roles, responsibilities and collaborations）是對 RDD 的重要觀念，重述如下：

　　針對要開發的內容，一個物件針對一個特別的目的扮演一個角色。角色具有多種型態如下說明，如此可以簡單瞭解物件或元件的目的。

- **資訊持有者**（Information holder）：知道資訊和提供資訊，例如：EmailAddress, TransactionRecord, Account。

- **結構者**（Structurer）：管理物件關係或組織大量的相似物件，例如：訊息傳送目的地、銷售訂單。

- **服務提供者**（Service provider）：根據需求執行特別的操作，亦即為做事，例如：信用檢查、信用授權、或會計系統。

- **協調者（Coordinator）**：協調動作，例如顯示協調者 – 交通號誌等。
- **管制者（Controller）**：控制應用程式的執行和指導其他物件的活動。例如：交易管制器 - 交通執行（TrafficConductor）。
- **界面者（Interfacer）**：從一個抽象層轉換到另一個抽象層。例如介面物件。

　　一個物件可以扮演超過一種之以上說明的角色類型，例如 EmailAddress 扮演資訊持有者、和服務提供者。一個物件的責任事物件扮演角色的義務或行為。責任是軟體設計時，分配整個系統的工作的設計依據。責任可分為兩種型態：

- **做事（Doing）**：物件要執行什麼動作，例如：一個學生註冊一個學期，一個電子郵件一個訊息到目的地。
- **知道（Knowing）**：物件維護的知識，例如：客戶知道他的名字、電子郵件知道收件人的別名。

When an object needs help, it requests collaborator-related information and services provided by the collaborator.

圖 10-11　物件之間的合作關係

　　當一個物件或角色需要一些東西，他可以呼叫其他人幫忙，這稱為合作（collaboration）。如圖 10-11 所示，物件送需求給合作者並接收回應，如同客戶端服務器模型。一個應用程式是由一起工作的合作社群組成，合作的物件比單獨的物件可以更有效解決比較大的問題。CRC 卡模型將物件導向設計視為互相合作具有責任的物件之社群，物件可同時扮演數種角色，如 EmailAddress 扮演服務提供者與資訊持有者兩種角色，如下圖所示。

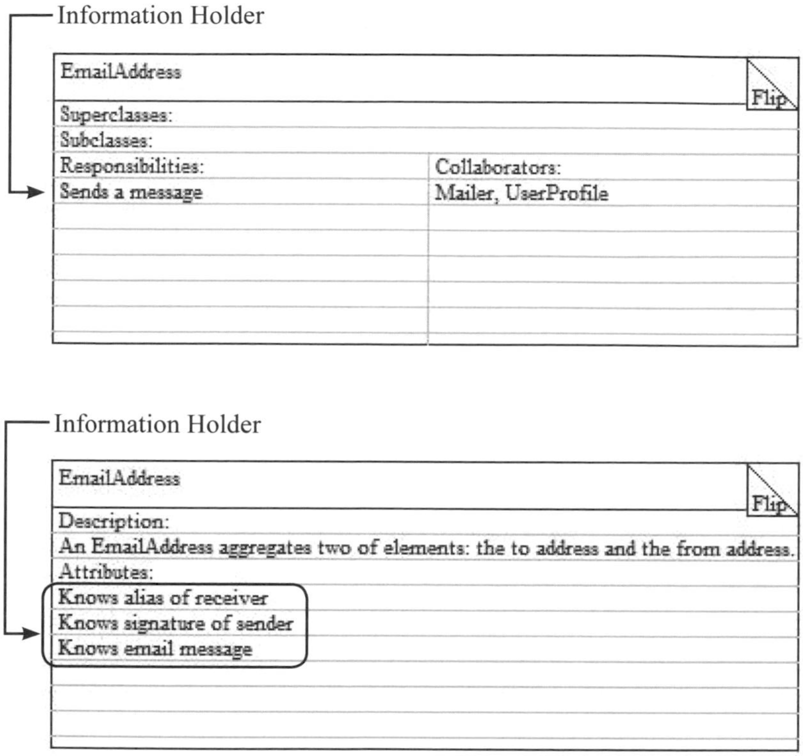

Information Holder

EmailAddress	Flip
Superclasses:	
Subclasses:	
Responsibilities:	Collaborators:
Sends a message	Mailer, UserProfile

Information Holder

EmailAddress	Flip
Description:	
An EmailAddress aggregates two of elements: the to address and the from address.	
Attributes:	
Knows alias of receiver	
Knows signature of sender	
Knows email message	

圖 10-12 EmailAddress CRC 卡模型範例

練習題

1. 比較 RDD 設計路徑和嚴謹、計畫的發展程序。

2. 在軟體設計中，非正規、彈性和客製化流程，是 CRC 技術主要的優點之一，為什麼？

3. 在分析設計時，如何得知一個類別的物件必須跟其他類別的物件互動？

   註：藉由專注於考慮劇本的結構與行為，CRC 卡和以使用案例為基礎的分析法，協助分析設計者找到物件的結合關係，由此找出物件之間的互動與合作。

11
CHAPTER

模型驅動架構

今日發展軟體系統的趨勢主要是要減少發展工作與發展時間，為達到這種目的，OMG（Object Management Group）提出「模型驅動架構」（Model Driven Architecture 簡稱 MDA），MDA 使用建模語言，如 UML 代替傳統的程式語言。MDA 在軟發展成熟層次（maturity levels）的地位，如下圖所示：

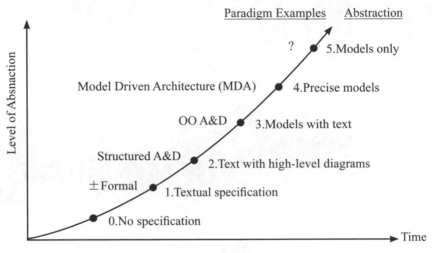

圖 11-1　軟體工程的演進

MDA 是一種綜合方法（holistic approach），以正規建模改良整體資訊技術（information technology, IT）週期，包括：規格、結構、設計、發展、部署、保養以及整合。2002 年早期，OMG 聲明，MDA 為其策略方向，並於 2003 年 6 月發表「MDA Guide Version 1.0.1」，至此 MDA 的發展有其官方的依據。OMG 稱 MDA 為「給無常世界所選擇的架構」（The Architecture of Choice for a Changing Word），這是經過註冊的研討會名稱。MDA 主要有 3 點特性：

- 中性的業務模型（business models）與實作平台（platforms）的變動無關。

- 使用建模語言 UML 當做程式製作語言，再經轉換規則實現（realize）
  UML 模型。
- 以程式製作為主轉成模型製作為主，UML 模型的語意（semantic）必須
  是正規化定義。

11-1 事務分離（Separation of Concern）

　　MDA 是基於所謂「事務分離」以及「抽象化」（Abstraction）的原理
與觀念而設計，系統分析師與發展者因此可以集中精神在事務邏輯的分析
與設計上，而不必顧慮系統層次的細節，例如將來系統要在何種平台上實
作等問題，為達到這項目的，OMG 在其發表的「MDA 指引」中定義 MDA
的 3 種模型，建構這 3 種模型同時也顯示使用 MDA 來發展軟體系統的基本
流程（process），包括：Computation Independent Model（CIM）；Platform
Independent Model（PIM）；以 及 Platform Specific Model（PSM）。PIM 與
PSM 是使用事實標準（de facto standards）的視覺化建模語言 UML 來描述，
這 3 種模型的建構相互分離，由不同的團隊負責，該團隊只取他們需要的資
訊即可，例如業務員只關心他們的「觀點」（viewpoint）即 CIM，分析員關心
的觀點就是 PIM，MDA 允許不同的團隊創造不同的觀點而「各自獨立司其
職」，這就是所謂「事務分離」。

　　PIM 代表業務邏輯，PSM 由 PIM 轉換（transformation）而來，其顯示
在特殊平台的系統模型，程式則由 PSM 轉換產生，這種轉換固然可以人工
為之，但一般皆使用 MDA 工具自動化轉換，因人工轉換費時而且易錯，軟
體產品如果依照 PIM → PSM → Code 流程產生就可以在「標的平台」（target
platform）上例如 J2EE 或 .NET 平台上使用。

11-2 MDA 與企業界的關係

雖然 MDA 並非軟體工程所謂「銀製子彈」（silver bullet），那麼企業接受這種技術有何好處？有何困難？我們引用 2004 年 Grady Booch 在「MDA:A Motivated Manifesto」[49] 文章中所闡述，企業界可考慮接受 MDA 的 7 點重要理由：

1. MDA 使用者不必是具高度 UML 技巧的模型建造者。

2. 公司訓練工作人員精通 MDA 並無困難。

3. 公司如接受 MDA 就能夠吸引、顧用與留置 MDA 專家，因為 MDA 技術證明可加速投資回收（ROI）並節省發展時間上市。

4. 業務相關人員將能夠使用 PIM，因該技術無關實作而且容易了解。

5. 市場上提供的 MDA 工具已可讓使用者不受技術 [50] 的牽制。

6. 以 MDA 為基礎的應用系統容許更複雜的自動化測試。

7. MDA 工具的使用不致於被特殊廠商所牽制與壟斷。

我們認為企業界如果同意上述 Booch 的說法就可嘗試進入 MDA 的世界，而不必改變原來的作業方式，因為 MDA 是一種「框架」（framework），並非為特殊軟體發展方法而設計。

49 http://www.drdobbs.com/architecture-and-design/mda-a-mc
50 此處所指的技術是指如 J2EE 或 .NET 等平台技術。

MPA 基本原理 [51]

抽象模型（metamodel）

抽象模型是建模語言的一種模型，換言之，是一種模型用來定義其他模型，諸如：

- **抽象類別（metaclass）**：一種類別可以實例成（instantiate）其他類別。

- **抽象資料（metadata）**：代表模型的資料。

- **範例**：如下圖顯示，Professor 是由 MOF（Meta Object Facility）[52] 的類別所實例而成，換句話說，Professor 類別是由 MOF 實例類別所定義。

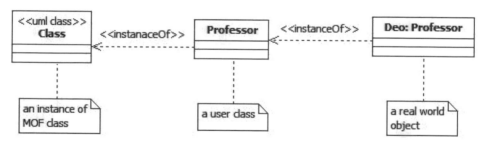

圖 11-2　抽象模型範例

- **模型驅動（model driven）**：模型驅動提供使用模型的工具。

- **架構（architectures）**：架構是系統的部分與其間的連繫，以及系統部分間相互作用的規則，因此架構是系統的基本組織。

---

51 參考文獻 [OMG03]

52 MOF 將在 11-4 小節「MDA 的骨幹」一節詳述。

- 平台（platform）：平台是一群模型執行的環境規格，例如：

  - 一般的平台型態，諸如物件、batch、資料流（dataflow）等。

  - 技術特殊的平台型態：如 CORBA、Java 2 Enterprise Edition（J2EE）。

  - 可販賣的特殊平台型態：如 CORBA（Iona Orbix，Boland VisiBroker），J2EE（BEA Weblogic，IBM WebSphere），Microsoft.NET 等。

模型轉換（model transformation）

模型轉換是在同系統內，從一個模型借助轉換工具轉成另一個模型的自動流程，轉換工具實行轉換時是根據轉換定義，該定義涵蓋一群轉換規則。轉換必須是雙向，如下圖所示：

事實上，模型轉換到處都有，例如從 GUI 螢幕輸入某些資訊，這些資訊模型就會換成程式模型，不過對於 MDA 而言，模型間的轉換是應用 MDA 的重點，例如 CIM-PIM-PSM-Code 模型就是幾乎所有 MDA 工具必備的功能。

11-4 MDA 的骨幹（backbone）- MOF

雖然 MDA 主要使用 UML 為標準模型語言用來設計模型 PIM 與 PSM，但除 UML 之外仍然接受其他已存在的模型語言，只不過大家比較「熱衷」UML，而且廠商製造的工具也都以 UML 為主。OMG 設計所謂 Meta Object Facility（MOF）來實例化（instantiate）各種不同的模型語言，因此 MOF 成為所謂「抽象建模」（metamodeling）的標準，我們可以說 MOF 就是 MDA 的基本骨幹。

MOF 提供 5 項觀念用來定義語言，包括：

- 型態：類別、基本型態（primitive types）、列舉（enumeration）

- 一般化（generalization）

- 屬性（attributes）

- 關聯（associations）

- 作業元（operations）

那麼，何謂 MOF？ MOF 本身就是一種模型語言，它所實例化（instantiate）出來的模型本身也是一種模型，就是所謂 metamodel，我們用下圖來表示：

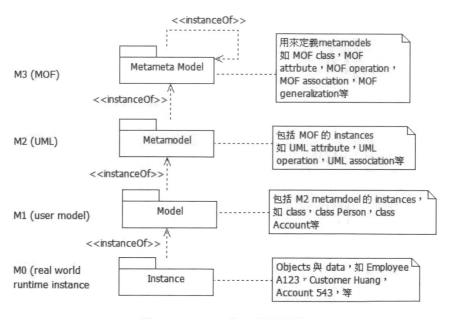

圖 11-3　OMG 的 4 階層結構

圖中 M2 是 M3 的實例（instance），M1 與 M0 分別為 M2 與 M1 的實例，UML（M2）是由 MOF（M3）實例化而來的模型語言，我們設計的類別模型（屬 M1），如 Person 或 Car 等類別就是由 UML（M2）所實例化產生的模型，因所設計的類別也是一種模型，所以我們說在 M2 的 UML 為 metamodel，

而它的源頭 MOF 則為 metametamodel，UML 的工具就是依據 M2 所發展，因此它能夠建模世界上所有的物件。MOF 還定義一種基於 XML 的模型語言交換格式（interchange format）稱為 XML Metadata Interchange（XMI）[53]讓不同的模型可以相互交換模型資訊，因此形成 metamodel 之間的「互通」（interoperability），這是 MOF 的重要優點，例如 Java/EJB 與 SQL 可以互通[54]，除 MOF 與 UML（含 OCL）之外，OMG 尚有與 MDA 有關而由 MOF 實例化而來的其他標準，諸如職司模型化資料倉庫的 Common Warehouse Metamodel（CWM），或者用於模型轉換的語言 Query, View and Transformation（QVT）等，這些 OMG 的標準我們不擬在此地詳述，因為初步實際應用 MDA 發展軟體系統時，除 UML 與 MOF 外，其他標準不會直接涉及。

範例：圖 11-4 表示 University 模型是 mdetamodel 類別的實例。

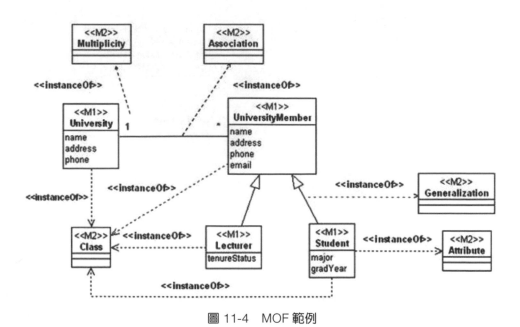

圖 11-4　MOF 範例

---

53 我們不擬深入說明 XMI，因 XMI 與本文無直接關係，讀者可參考 OMG 的網站。
54 參照 11-3 小節「MDA 基本原理」。

11-5　MDA 流程樣式 （MDA Process Pattern）[55]

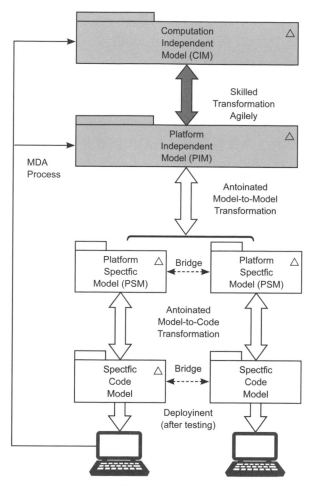

圖 11-5　軟體發展的 MDA 流程

55　http://www.drdobbs.com/architecture-and-design/mda-a-mc

　　圖 11-5 表示 MDA 軟體發展的整個生命週期（其中深色部分必須由人工處理不能用工具自動化），OMG 將 MDA 建構成 CIM → PIM → PSM 樣式，程式則由 PSM 轉換而成，這是依照較合宜而方便的觀點（viewpoints）所形成的樣式，事實上 MDA 卻允許有其他的觀點，而產生其他樣式，但 CIM → PIM → PSM 的重點在於其提供「事務分離」（Separation of Concern）的觀念，但實際運作時我們可以將 OMG 的樣式延伸成 CIM → PIM → PSM → Code。

- Computation Independent Model（CIM），CIM 有時稱為「領域模型」（domain model）或「業務模型」（business model），用來描述業務系統，但本身並非軟體，這個模型表示系統的關鍵需求，以及描述問題領域的字彙（vocabulary），但不涉及系統的細節，一般物件導向系統分析方法（OOA）就可用來建構這個模型，PIM 就是依據這個模型產生。

- Platform Independent Model（PIM）則表示業務邏輯（business logic）模型，這個模型顯示系統的工作內容，但不涉及與任何特殊技術平台（technology platform）的關係，如 EJB，.NET 或關聯性資料庫等，PIM 類似 OOA 的分析模型（analysis model），但更為詳盡完整，每一種業務只有一種 PIM。依照 MDA 的說法，PIM 是可執行的模型，其作用有如程式。

- Platform Specific Model（PSM）仍然以 UML 表示，該模型是一種細節模型，包括用來實踐模型在特殊平台上的相關資訊，諸如 EJB、SQL、Web Services 或 .NET，其產生乃由 PIM 在特殊平台上轉換，通常自動化轉換稱「模型對模型」的轉換（M2M），PSM 相當傳統的細節設計模型。

- 特殊程式模型（Specific Code Model）的產生，可以用人工轉換產生，但一般皆使用 MDA 工具來擔任（M2C），因人工不但費時而且可能出錯，至於保養工作是在 CIM 與 PIM 層次執行與傳統保養程式迥異，其優點是 MDA 的保養抽象度比較高容易保養，因程式可由 PSM 自動化產生，比較能避免因修改程式使程式變成複雜，這個層次相當傳統的實作與部署。

轉換樣式（**Transformation Patterns**）

MDA 由 PIM（source）轉換成 PSA（target）可以直接轉換，但通常必須加入必要的技術樣式，諸如 J2EE 或 .NET 等平台資訊，稱為「目標」（mark），圖 11-6 表示這種機制。Mark 並非多餘的擴充而是讓模型轉換時不致被「污染」[Meller04]，至於轉換規則是在描述如何轉換。

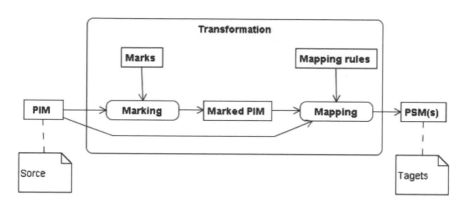

圖 11-6　轉換樣式

11-6 MDA 的價值定位（**MDA Value Position**）

傳統的軟體發展有幾項缺點：程式的產生與特殊的平台綁在一起，例如 Java 2，同時程式常常以特殊的程式語言來撰寫，因此缺少各種平台互通的機能。至於 MDA 並不要求特定的發展流程，MDA 的使用者可以選擇自己適當的方法，例如定義需求與分析流程。由於 MDA 的保養是在 CIM 或 PIM，程式可以自動由 PSM 產生，我們可以說，PIM 因此比程式更「敏捷」。

MDA 可自動產生全部或部分實作程式，發展者可以選擇部署技術，如 Java/EJB 模型，圖 11-7 顯示 PIM 可以轉換成在各種不同平台上的 PSM 以及程式。

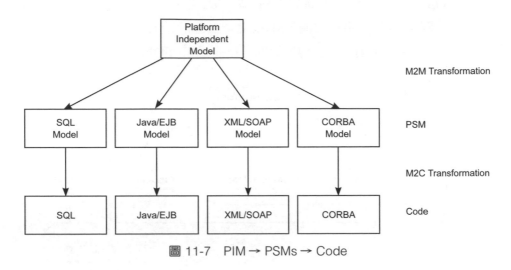

圖 11-7　PIM → PSMs → Code

MDA 的優點 [56]

使用 MDA 技術發展軟體的好處概括下列幾項：

- 提升生產力（productivity）：
  - 發展者只要發展高抽象層次的 PIM 而非撰寫程式。
  - 自動化轉換，即 PIM 轉換為 PSM，以及 PSM 轉換至 Code，因此只要保養 PIM 即可。
  - PIM 發展者不必關涉平台的特殊細節。

---

56 參考文獻 [Kleppe03]

■ 提高可攜性（portability）：

- PIM 與任何技術（諸如 J2EE 或 .NET）無關，因此容易變動。

- 同一 PIM 可以轉換成多種 PSM（如圖 11-7）。

■ 較高度互操作性（higher interoperability）：

- 各種 PSMs 以及 Code 築橋互通，例如 DBMS Table 與 EJB 或 EJB 與 Web。

■ 容易保養與文件製作：

- 發展者集中在 PIM 發展。

- 模型是高層次的文件，減少不相關的細節。

- 業務的複雜與改變只修正 PIM。

敏捷 MDA（Agile MDA）

理論上，Code，PSM 與 PIM 之間可以反向轉換（圖 11-5），但事實上十分困難，實際上仍然依照 PIM → PSM → Code 方向運作，因此 PIM 可視之為可執行的模型（executable model），這顯示 MDA 支持敏捷軟體發展（agile software development），就是將 MDA 與敏捷（agility）結合，稱之為「敏捷 MDA」（Agile MDA），其基本概念是程式與可執行的模型（executable models）的運作相同，這個名詞可能是由參與擬定 MDA 標準的 Stephen J. Mellor 首創 [Mellor04]。

依照世上許多公司行號的經驗，軟體發展專案的成功率偏低，主要原因是因發展軟體費時費力，而且無法建造完全符合客戶需求的應用系統，多年來，各種各樣的發展方法都在嘗試處理這些問題，但只不過增加一些文件而忽略人的因素，因此 2001 年 17 位方法學專家聚會研議，共同發表所謂「敏

捷宣言」（The Agile Manifesto）[57]，宣言有 4 項真義聲明（value statements），這 4 項聲明我們重敘如下，但讀者可以參照第 7 章：

- 個人與互動重於流程與工具。
- 可用的軟體重於詳盡的文件。
- 與客戶合作重於合約協商。
- 回應變更重於遵循計劃。

　　「重於」右邊的各項並非不重要而且仍然有其價值，只不過左邊各項依據敏捷觀念，其價值應較受關切，敏捷方法（第 8 章）都與這四項宣言有關，這四項宣言都關係到人的運用與活動，例如發展者之間的溝通重於流程與工具的使用，專案的施行不能只有流程而沒有人的因素，其他諸如迅速產生可執行的軟體，以及與客戶的合作，對於需求改變的反應皆必須被高度重視，而非只重視文件、契約與計劃。

　　發展應用系統，如果價高而且緩慢，或只是快但錯誤百出，都不是具有效果與效率的發展工作，敏捷概念可帶給發展者「做對的事物」（doing the right things），也就是「有效」（effectiveness）之意，至於 MDA 可讓發展者「把事物做對」（doing things right），換句話說，就是有「效率」（efficiency），結合敏捷與 MDA 就是提供發展時有力的解決問題之道。

　　基本上，發展應用系統專案時常遭遇兩種問題：(1) 業務與 IT 單位之間如何對專案需求達到共同認知；(2) 如何有效率轉換業務需求成為可執行的應用系統。可惜需求的獲取往往借助文件與圖形來顯示，客戶或使用者無法參與這種「紙件」（paperware）的產生，要將這些紙件實作成為應用系統，須經過漫長的時間而且勞力密集，這是十分無效率的機制，最好的辦法之一是使用 MDA 技術來解決這類問題，也就是需求（即 PIM）轉換成系統能夠

---

57 http://www.agilealliance.com

自動化，自動化轉換可讓客戶甚至在發展早期或發展中，參與擬定改變需求，而不致影響發展進度與品質，這就是敏捷宣言的第 3 項，不但如此，需求的改變就可敏捷處理，這就是敏捷宣言的第 4 項，這種敏捷處理需求稱之為「活的需求」（live requirements）[58]，敏捷 MDA 可以讓這種活的需求成為可能，這要歸功於 MDA 有效的特性，因此即使需求不斷改變也不致成為軟體發展的障礙。

軟體工程的困境在於如何克服系統的「複雜」以及需求不斷「改變」的特性，複雜可以使用「反覆與遞增」（iterative and incremental）的方法解決，至於對付改變的方法之一就是使用 MDA 技術，因模型可以自動化轉換之故。自動化轉換是依據一種所謂「技術樣式」（technology patters）如 J2EE，PIM 可以轉換多種技術平台上的 PSM，再經過「實作樣式」（implementation patterns）將多種 PSM 轉換成相對應的程式（參照圖 11-7）。

11-7 利用「原型樣式」（Archetype Patterns）快速發展 PIM

「所有具優良結構的物件導向軟體架構，其內部充滿樣式」（Grady Booch），其實在各種行業中，製作複雜的系統時樣式往往扮演重要的角色，由樣式所建構的軟體具有彈性、模組化、可重用以及易解的特性，軟體系統如具有這些特性則不但能夠符合需求，而且能夠反應需求變更，這種軟體就是品質好的軟體。

何謂「原型」（archetype）？有許多定義，這裡所談的是指「一種原始的（primordial）事物或環境，這些事物或環境一貫地重覆發生，而被認

---

58 Frank Baerveldt (Computware) 複雜可以用。

為具有普遍性的觀念或狀況」如果這些事物或環境是指業務領域與業務軟體系統，則稱為「業務原型」（business archetypes），業務原型之間的合作（collaborations）則稱為「業務原型樣式」。Jim Arlow 與 Ila Neustadt 提供 9 種業務原型樣式 [Arlow04]，包括：Party，PartyRelationship，Customer Relationship Management（CRM），Product，Order，Inventory，Quantity，Money，以及 Rule 等業務原型樣式，這些業務原型樣式皆重覆發生在業務領域內，你可以現用或經修改這些業務原型樣式來建構分析模型，這種技術稱為「元件基建模」（component-base modeling）。Arlow et al., 認為使用原型樣式與 UML 可以建造較優良的軟體（building better software with archetype patterns and UML），同時可以迅速產生 PIM，即以類別圖顯示。

事例研究（Case Study）

我們使用原型樣式來發展簡單的「訂購流程系統」（Order Processing System 簡稱 OPS），這個範例在第 4 章使用 UP 發展。將 [Arlow04] 所提供的原型樣式 Order 可簡化如下圖：

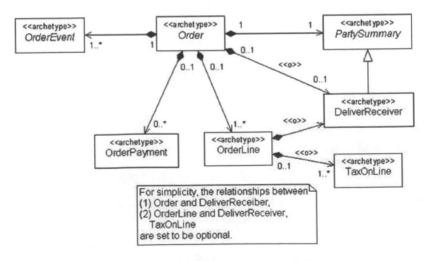

圖 11-8　Order 簡化的原型樣式（<<o>> 表示 optional）

由 Order 簡化的原型樣式我們可以迅速產生 OPS 的 PIM 如下：

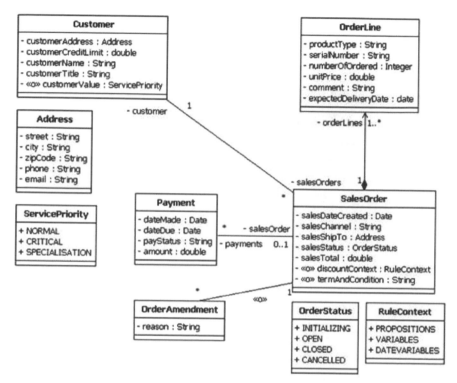

圖 11-9　由原型樣式 Order 迅速產生 PIM

本範例使用 MDA 工具 OptimalJ 經下列步驟轉換 PIM（圖 11-9）產生 Order 應用系統：

- 產生應用模型 PSM，包括展示模型、業務邏輯模型與 DBMS 模型等三階結構（three-tier architecture）。
- 產生程式模型，包括 Java 程式、EJB 程式與 Web 程式。
- 將上述所有程式編輯（compile），產生 Web server。

所產生 Web server 元件包括：Customer，SalesOrder，OrderLine，Payment，OrderAmendment 等，如 Customer。

圖 11-10　Customer

11-8　結語

　　OMG 於 2003 年宣稱 MDA 為該組織的標準發展軟體系統的方法，不過 MDA 的技術尚未完全成熟，但已經讓軟體發展方法「根本性」（radically）的改變，撰寫程式的工作已經轉為建構模型，只要嚴格發展代表業務的 PIM 即可，而不必理會實作的技術平台。我們總結下列幾點：

- MDA 並非能夠解決所有 IT 問題的軟體工程「銀製子彈」，不過 MDA 如結合敏捷觀念，則比其他技術更能有效解決問題。

- MDA 是一種發展軟體的框架（framework），因此並不要求特殊發展流程的配合，例如使用者可以選擇適用於本身專案需求擬定與分析方法，如 OOAD，只要能從 CIM 產生 PIM 即可。

- 由撰寫程式轉為建構模型將提高軟體發展法的抽象層次（圖 11-1），因而簡化發展軟體的流程。

- 使用 MDA，一旦模型建構完成（即 PIM），則比程式更「長命」，因保養模型比保養程式更有效而且簡單。

- 自動化產生程式尚無法做到 100%，但是一旦 MDA 成為成熟的技術，發展軟體或許不必撰寫程式，到目前為止，大約有 85% 的程式可以自動化產生。

- 雖然 MDA 技術尚未完全成熟，但世界上有許多單位組織已經在使用 MDA 發展部分軟體，這顯示 MDA 可用而且將逐漸根本改變軟體發展方法。

- 目前使用 MDA 技術發展軟體的組織除 OMG 所舉的組織 [59] 外，諸如 Ohio Job and Family Services，Austrian Health Authority，U.S. Government's General Services Administration（GSA），DaimlerChrysler 等 [Guttman07]，此外，IBM Rational 使用 MDA 方法設計 IBM Rational 的塑模工具，這些例子印證 Grady Booch 所說：企業界可考慮接受 MDA （參見 11-2 小節「MDA 與企業界的關係」內容）。

---

59 參考 OMG 網站：www.omg.org/mda/products_success.htm

練習題

1. 軟體發展的歷史是抽象層次不斷向上演進的歷史，如圖 11-1 所示。從 60 年代組合語言程式，到 80 年代高階程式語言，持續演進到以模型為基礎的發展方法，請討論這種發展模式的原因。

2. MDA 的目的為何？

3. 請說明何為 CIM、PIM 和 PSM。

4. 使用 MDA 建構軟體系統有何好處？

5. 請說明何為模型（model）、抽象模型（metamodel）和超抽象模型（meta-metamodel）。

6. 軟體工程的問題是「複雜」與「變化」，請說明為何 MDA 是這些問題的良好解決方案。

7. 請說明 MDA 如何協助敏捷式發展方法。

A
APPENDIX

軟體度量概念

計量（measurement）是工程規程（discipline）的基礎，絕對溫度的發明者 Lord Kelvin 說：「當你能夠衡量你所說的，而能以數據表示，你就對它有所瞭解，反之若你不能將所說的量化以數據表示，你對它就缺乏瞭解而且不完整，你或許有初步瞭解，但是你的思維其實離科學尚遠。」將 Lord Kelvin 的話放在心裡，來談軟體度量（Software Metrics）就不會失措。

A-1 物件導向軟體度量

「你要是不能衡量，你就不能預測也不能管制（專案）」（DeMacro 規則）。

計量有 3 項重要的活動：

- 計量協助我們瞭解發展與保養時發生何事。
- 計量可以預測流程與產品發生的事務，因此可以修正以符合目標。
- 計量鼓勵我們改進流程與產品。

因此要管制發展必須使用度量（metrics）。能夠協助度量的計量發展可分為「產品度量」（product metrics）與「流程度量」（process metrics）。產品度量主要在衡量產品的全部類別，流程度量主要協助評估流程進度，如所花費的工作量（人 - 時或人月），專案的花費等是否與原先預估的相符。本附錄主要討論物件導向軟體度量，它可提供觀察對軟體規模的大小。

- 情節的數量（number of scenario scripts, NSS）：
  - 情節的數量使用案例與符合需求的類別數成比例，包括每一類別的作業元、屬性等。
  - 因為情節顯示系統的主要功能，因此情節直接與需求有關。
  - 顯示專案的工作量。
  - 情節數表示要發展的應用規模。

- 關鍵類別的數量（number of key classes, NKC）：
  - 關鍵類別顯示發展中的主要業務領域，諸如買賣交易、電話轉換（switch）、存款帳戶、貨幣。
  - 關鍵類別直接與業務領域有關，NKC 表示實際發展的工作量，因此建議一般物件導向系統的關鍵類別在 20 至 40 之間。
  - NKC 標示長期重用的物件數量。
- 子系統的數量（number of subsystems, NOS）：
  - NOS 表示所需的資源、時程與一切總合工作量。
- 支援類別的數量（number of support classes）：
  - 支援類別並非業務領域的中心，而是屬於介面類別如使用者介面（UI）或檔案（file）。
  - 支援類別讓我們可以預測工作量（efforts）。
  - UI 類別數約關鍵類別的 1-3 倍，例如相對 100 關鍵類別預測有 250 類別，所以專案最後共有 100 + 250 類別，依經驗預測比率為 2.5。
  - 要求支援複雜的 UI 的類別數如 GUI 大於簡單的介面，所謂複雜的 UI 的類別數就如 Windows 或 Presentation Manager。

A-2 預測流程

使用分析技術從問題領域情節發現主要的關鍵類別，使用者介面分成下列四種，右側的數目表示使用者介面的型態與關鍵類別的比率：

- 沒有使用者介面   2.0
- 簡單，文字式的使用者介面   2.25
- 圖式使用者介面（graphics UI）   2.5
- 複雜，拖曳式 GUI（drag and drop GUI）   3.0

將關鍵類別數乘上上述數據則可初步表示預測的最後系統的全部類別。如果將這些全部類別數乘 15-20 person-day/class（假設處理每一類別依經驗所需的人 - 日預測數）則可預測建造系統的工作量（person-days）。

範例：NASA-SEL（NASA's Software Engineering Laboratory）研究的結果，物件導向顯示重要發展方法：

- 重覆使用戲劇性從 20-30% 提高至 80%。
- 物件導向程式（Ada）為傳統程式數（程式行數）的 75%。

A-3 預測軟體大小

預測軟體可以使用「程式行數」（line of code, LOC），LOC 有一些優點如下：

- 可以測量產生 LOC 所須要的工作量（efforts）。
- 計量 LOC 可以在專案之間作比較，同時可以從過去的專案預測將來的專案。
- 大部分的預測工具預測工作量與發展時程大部分基於 LOC。

但是計量 LOC 也有些困難：

- 如果計量「每人月可生產多少 LOC」等小量方式會時常錯誤。
- 由於每一位程式員的生產力不同，因此 LOC 不能用來做為預測個人的工作的基礎。
- 預測需求或設計為基礎來計量 LOC 可能不準。
- 直接預測 LOC 是有困難。

由於上述的缺點，另外計量 LOC 就是使用「功能點」（function points 簡稱 FP）的觀念，所謂 FP 是以規格描述來計量系統的功能量（Albrech 1979），這些功能可能代表：

- 由外輸入（external inputs）：輸入的項目是由使用者提供。
- 由內輸出（external outputs）：提供使用者以產生應用資料，如報告、訊息等。
- 由外查詢（external inquiries）：與輸入相互作用以求取反應。
- 外部檔案（external files）：對於其他系統機器可讀的介面。
- 內部檔案（internal files）：系統內的主要邏輯檔案。

範例：拼字檢查（spelling checker）[60]

這個拼字檢查系統包括：A：2 由外輸入；B：3 由內輸出；C：2 由外查詢；D：2 外部檔案；E：1 內部檔案。每一個檔案的複雜度（complexity rates）依統計取平均值分別為：A=4，B=5，C=4，D=10，E=10（取複雜值），則功能點 =4A+5B+4C+10D+10E=61。我們使用簡易的算法：Dutch method，功能點為 =（35 x 內部檔案）+（15 x 外部檔案）=（35x1+15x2）=65，其中 "35" 與 "15" 為刻劃度（calibration），Dutch 的 FP 值 65 與實際計算的 FP 值 61 相近似。

功能點的主要應用，我們舉 3 例子：

1. 軟體大小可用來預測工作量、費用以及生產力（人月 /FP）等。

   設每一發展者平均需要 2- 人 / 日的工作量以實作一 FP，那麼我們可以預測要完成「拼字檢查」所需要的工作量為 130 人 - 日（65x2）。

---

60 參照 [Fenton97] Fig.7.4

2. 不像 LOC 需系統完成後才能計算程式行數，FP 可以在軟體週期早期從需求或規格預測軟體的大小，因此我們可以說 FP 比 LOC 較可應用，FP 也可以在需求階段做為訂契約的基礎，不過計算 FP 比較困難，而且不能使用工具自動算出。

3. 轉換 FP 為 LOC：每一 FP 相當的程式語言敘述（statements）[McConnell06]：（語言：一般值）C：128；C#：55；C++：55；Java：55；Smalltalk：20；Visual Basic：32。例如「拼字檢查」系統的 FP 數為 65，如以 Java 實作後可能產生 3575 行敘述。

B

CRC Card

CRC Card（Class-Responsibility-Collaboration Card），類別－責任－協同合作卡的簡稱）是可以用來腦力激盪、以捕捉系統核心概念與機制的簡易工具 [Booch07]。核心概念（key abstraction）是指問題範疇中主要的類別（class）或物件（object）；核心機制（key mechanism）是指可滿足需求的主要物件互動結構（a structure whereby objects collaborate）。CRC Card 可用於溝通軟體之分析與設計，是隨時隨地可得的低技術工具，易學易用。

B-1 什麼是 CRC Card

CRC Card 是 1989 年由 Kent Beck 與 Ward Cunningham 所共同提出 [61]，其出現時期與 WWW 相同，至今約有 20 幾年的歷史，這個工具開始是用來教導新學員如何學習物件導向的觀念與程式製作，後來的演變卻超乎在教學上的需要，而成為軟體分析、設計以及敏捷思考的工具。CRC cards 的軟體發展方法屬於一種非正規方法（informal approach），雖然屬非正規方法，但 CRC cards 可做為正規方法的輸入或前端作業，如 Booch 方法、James Rumbaugh, et al. 的 OMT、Ivar Jacoson, et al. 的 OOSE、Shlaer/Mellor 方法、Unified Process 以及 Rebecca Wirfs-Brock 的 RDD（Responsibility-Driven Design）等，因此 CRC cards 適用於「任何」軟體發展方法上。

使用 CRC cards 技術時對於「物件」一詞的想法應有所改變，Craig Larman 在 "Applying UML and Patterns" 一書裡，以隱喻（metaphor）的方式說：「軟體物件有如人們具有責任（responsibilities），有些責任必需與他人合作（collaborate）才能完成工作」，CRC cards 就是這種隱喻的圖形表示，其與 UML 表示物件的方式不同，UML 思考物件是「資料（data）＋演算法（algorithms）」（下圖右），而 CRC cards 的物件是「角色（roles）＋責任

---

61 http://c2.com/doc/oopsla89/paper.html

（responsibilities）」（下圖左），其中 class name 可扮演物件的角色（roles），同一個物件可以扮演各種不同的角色，責任也就依所扮演的角色而異。

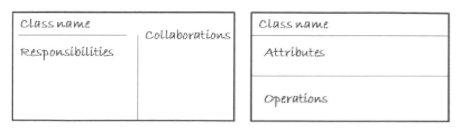

圖 B-1 CRC Card v.s. UML class

圖 B-1 中左圖是 Beck/Cunningham 的原圖，但非標準圖形，CRC cards 並無標準型態，使用者可以依需要客製化，但卡片至少需具載類別名稱、類別責任與合作者三項，一般使用所謂索引卡（index card）來繪製 CRC cards，索引卡的大小可以是 3x5 英吋或 4x6 英吋，卡片左上角書寫的類別名稱，也可以是元件、子系統、角色、或其它物件，卡片後面可以簡單說明類別的特性或屬性。具體而言，每一張卡分為以下三個部分：

- **類別（Class or candidate）**：此 CRC cards 要描述的類別名稱，其代表類似物件（object）的集合。

- **責任（Responsibility）**：是以高層次（不涉及實作）的方式說明類別的目的，分為此類別保養（maintain）的認知或執行的動作（something that the class knows or does）。具備的認知可能包含私有資料、關聯物件、或是衍生出來的或計算出來的物件或資料；執行的動作則包含僅與自身相關的運作（如建構物件或計算工作）、啟始其他物件的行動、控制與協調多個物件間的多個活動等（此亦可視為決策責任）。

- **合作者（Collaborator）**：可與此類別合作落實其責任的其他類別。當類別具備有無法獨力完成的責任時，就需訂定合作者以協助完成責任。

我們除了可以直接用鉛筆、白紙、白板等簡易工具繪製 CRC card 外，

目前亦有數種軟體工具提供 CRC card 繪製功能，如 QuickCRC[62] 或 Software Ideas Modeler[63]。CRC cards 並沒有限定其格式，各組織可根據其需求至其偏好之格式，而在 CRC card 中最低限度需呈現的資訊就是上述提及的類別名稱、責任、以及合作者。舉例而言，以 QuickCRC 繪製之 CRC cards 如下圖所示，包含正面的類別名稱、責任、以及合作者、背面的屬性以及其關聯的劇本（scenario）。

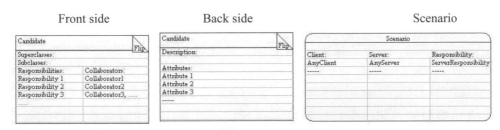

圖 B-2　QuickCRC 繪製的 CRC cards 範例

B-2 物件的角色

如上所述，CRC card 與 UML 的差異在於 CRC card 重視角色與責任的界定。至於物件可扮演何種角色，Wirfs-Brock 用角色型別（role stereotypes）來定義 6 種物件可能扮演的角色，每一種角色有不同的責任，這些角色都可以使用 CRC cards 來描述，包括：

- 資訊保持者（information holder）：知道或提供資訊，也就是說保持事實，例如郵件地址，帳號，交易記錄等；
- 結構者（structurer）：保養物件間的關聯以及與這些關聯相關的資訊，

---

62 http://www.excelsoftware.com/quickcrcdownload
63 http://www.softwareideas.net/

例如檔案系統的 folder；

- **服務提供者**（service provider）：執行工作，一般來說提供運算服務，例如信用授權；

- **協調者**（coordinator）：委託工作，例如交通號誌燈，文字處理器的字體管理；

- **管制者**（controller）：決定並指揮它物的行動，例如交通指揮員；

- **介面者**（interfacer）：支持系統內外各部門的間通訊，例如 ATM 的金錢出口。

確定物件屬於何種角色有助於擬定物件的責任以及要完成某責任的合作物件，每一種物件都有可能（但不一定）扮演兩種以上的角色，例如 EmailAddress（Wirffs-Brock 2003）將扮演「資訊保持者」與「服務提供者」，因此 EmailAddress 物件知道送與受者以及 SMTP 資訊地址，此外它可輸送訊息，為要完成這些責任，他必須與 Mailer 與 UserProfile 合作，否則無法完成 EmailAddress 的運作，上述責任與合作者可以以下列 CRC cards 表示（使用 Software Ideas Modeler 繪製）：

EmailAddress	
Superclass:	
Subclasses:	
Knows email receiver Knows email sender Knows SMTP address information Send a message	Mailer UserProfile

圖 B-3　CRC card 範例：EmailAddress

B-3 CRC Card 模型

　　CRC 模型（CRC Model）是多個 CRC card 的集合，用以塑模整個軟體系統或子系統。這些 CRC cards 可有效地幫助開發者設定需開發的類別。CRC cards 的優點之一是能促使開發者之間能夠積極有效的討論，當開發者根據使用案例（以及其劇本）去訂定需開發的類別時，CRC cards 特別能派上用場（Martine Fowler）。此外，CRC cards 可幫助開發及早發現錯誤（fail early）、頻繁發現錯誤（fail often）、並以花費較低的方式發現錯誤（fail inexpensively），其原因在於 CRC cards 僅是一堆卡片，捨棄或重新繪製一堆卡片相較於重寫大量程式碼，成本較為低廉。

　　目前常見的 CRC cards 的應用包含：專案範疇塑模（domain modeling）、專案概念塑模（conceptual modeling）或物件導向軟體結構的初步設計等。然而 CRC cards 的運用相當彈性，如下面兩張圖中的範例，均透過 CRC cards 表達 Model-View-Controller 樣式（pattern），但兩張圖的詳細程度並不相同，圖 B-4 較為詳細，而圖 B-5 則較為簡略，從這兩張圖可看出 CRC cards 僅為一個討論工具，要如何運用則端看各團隊的偏好與專案的需求。

Model		Flip
Superclasses:		
Subclasses:		
Responsibilities:	Collaborators:	
Provides functional core of the application		
Registers dependent views and controllers	View Controller	
Notifies dependent components about data changes		

View		Flip
Superclasses:		
Subclasses:		
Responsibilities:	Collaborators:	
Creates and initializes its asoociated controller	Controller Model	
Display info to the users		
Implements the update procedure		
Retrieves data from the model		

Controller		Flip
Superclasses:		
Subclasses:		
Responsibilities:	Collaborators:	
Accepts user input as events	Model	
Translaes events to service reque for the model or to display requests for the view	View	
Implements the update procedure if required		

圖 B-4 以 CRC card 表達 MVC 範式（Bushman et al. 1996）

Model		Flip
Superclasses:		
Subclasses:		
Responsibilities:	Collaborators:	
Maintain problem related info		
Broadcast change notification		

View		Flip
Superclasses:		
Subclasses:		
Responsibilities:	Collaborators:	
Render the model	Model	
Transform coordinates	Controller	

Controller		Flip
Superclasses:		
Subclasses:		
Responsibilities:	Collaborators:	
Interprete user input	View	
Distribute control	Model	

圖 B-5 以 CRC card 表達 MVC 範式（Beck and Cunningham）

B-4　CRC Session

　　物件導向軟體發展法的首要工作，就是先定義與問題範疇相關的物件，CRC cards 是提供發展者集體透過腦力激盪設計軟體系統的工具，這種集體工作稱為 CRC session，理想參與的成員大約 5-7 人，包括主事者（facilitator），其必須熟練物件導向技術，此外須有範疇專家（domain experts）以及分析師（analysts）、設計師（designers）、程式編程員（programmers）、使用者（users）等。當只有一個人負責 CRC session，則此負責人需扮演上述所有角色。這種集體腦力激盪的工作方式其優點是，使用 CRC cards 作業可以沒有風險（nonthreatening）而且非正規（informal），並且允許參與的任何人提供意見，這也是 CRC cards 的強項。

進行 CRC Session 前需要先準備好需求，需求的可能形式包含問題陳述（problem statement）、需求文件（requirements document）與詞彙表（glossary），或是系統的使用案例（use case）。此程序包含五個步驟：

- **建立類別**：檢視需求中的劇本（scenario），找出可能是類別或責任的名詞或動詞，換言之，由名詞找可能的類別，由動詞找可能的責任。在此階段，可忽略介面（interface）類別或處理器（handler）類別等偏實作的類別，盡量聚焦於商業類別（business class），並以找出 5~10 個類別為目標。

- **指派責任與合作者**：責任包含此類別物件所具備的知識，以及此類別物件可以實行的動作。理論上，我們不需要刻意去尋找，劇本應該會很明顯地突顯這些責任。而合作者則是此類別物件可以發出請求（request）的對象，透過此請求，合作者可協助落實此類別物件的部分責任。

- **定義此類別之父類別（super class）與子類別（subclass）**：事實上，可在任何時間點定義父類別與子類別。

- **定義類別屬性（attributes）**：只要團隊認為適當，可在任何時間點定義類別的屬性。類別屬性偏向於實作細節。

- **劇本模擬執行（scenario execution）**：從需求文件中挑選需要的功能，並將其視為劇本，接著決定哪個類別可用以達成此功能，而此類別的擁有者挑出此 CRC Card 以檢視是否可真的達成指定之功能，如果需要的話，可以微調修正其責任描述。若沒有任何類別可滿足此需求，則創立一個新的類別。

B-5 CRC Card 的重要性

最後，為何要使用 CRC cards 來進行軟體分析與設計？綜合下列幾點作為總結：

- CRC cards 便宜、具彈性而且垂手可得，最重要的是具可攜性（portable），也就是說，不必依賴電腦而且在任何地方皆可使用，如果修改或不需要時卡片可隨時撕毀。

- 可以讓參與的團隊第一時間就可討論系統如何運作，而不必依賴電腦工具。

- 可用於教授物件導向發展方法（此即 Beck/Cunningham 發明 CRC cards 的原意）。

- 可做為許多正規方法的前端，如 Booch、Wirfs-Brock、Jacobson 等人的方法。

MEMO

APPENDIX

參考文獻

[Abbot83] Abbot, R., Program Design by Informal English Descriptions, *Comunications of the ACM*, Vol. 26, No. 11, 1983.

[Agile Alliance] http://guide.agilealliance.org/guide/bdd.html

[Ambler88] Ambler, Scott W., CRC Modeling: *Bridging the Communication Gap between Developers and Users* – An AmbySoft Inc., white paper, 1988.

[Ambler02] Ambler, Scott W., *Agile Modeling – Effective Practices for eXtreme Programming and Unified Process*, John Wiley & Sons, New York, 2002.

[Ambler04] Ambler, Scott W., *The Object Primer: Agile Model-Driven Development with UML 2.0*, 3rd Edition, Cambridge University Press, New York, NY., 2004.

[Arlow04] Arlow, Jim and Ila Neustadt, *Enterprise Patterns and MDA*, Addison-Wesley, Boston, 2004.

[Arlow05] Arlow, Jim and Ila Neustadt, *UML 2 and the Unified Process*, 2nd Edition, Addison-Wesley, Upper Saddle River, N.J., 2005.

[Beck89] Beck, K. and Cunningham, W., "A Laboratory for Teaching Object-Oriented Thinking." S*IGPLAN Notices*, Vol. 24, No. 10, 1989.

[Beck00] Beck, K., *Extreme Programming: Embrace Change*, Addison-Wesley, 2000.

[Booch04] Booch, Grady, "MDA: A Motivated Manifesto," http://www.sdmagazine. com, August 2004.

[Booch07] Booch, Grady, et al., *Object-Oriented Analysis and Design with Application*, 3rd Edition, Addison-Wesley, Upper Saddle River, NJ, 2007.

[Brooks87] Brooks, F., "No Silver Bullet: Essence and Accidents of Software Engineering," *IEEE Computer*, vol. 20(4), p.12, April 1987.

[Bruegge00] Bruegge, Bernd and Allen H Dutoit, *Object-Oriented Software Engineering – Conquering Complex and Changing Systems*, Prentice-Hall International, Upper Saddle River, NJ., 2000.

[Dathan11] Dathan, Brahma and Sarnath Ramnath, *Object-Oriented Analysis and Design*, Springer, Heidelberg, 2011.

[Dan North 2009] Dan North, How to sell BDD to the business, Agile Specifications, BDD and Testing eXchange, London, 2009, https://skillsmatter.com/skillscasts/923-how-to-sell-bdd-to-the-business

[Dan North 2006] Dan North, Introducing SDD, Better software magazing, 2006. http://dannorth.net/introducing-bdd/

[Fenton97] Fenton, Norman E. and Shari Lawrence Pfleeger, *Software Metrics – A Rigorous & Practical Approach*, PWS Publishing Company, 1997.

[Fowler97] Fowler, M., *Analysis Patterns – Reusable Object Models*, Addison-Wesley, Menlo Park, CA., 1997.

[Fowler03] Fowler, M., *UML Distilled: A Brief Guide to Standard Object Modeling Language*, 3nd Edition, Addison-Wesley, Reading, MA, 2003.

[GoF95] Gamma, Erich, Richard Helm, Ralph Johnson, John Vlissides, *Design Patterns – Elements of Reusable Object-Oriented Software*, Addison-Wesley, Reading, MA., 1995.

[Guttman07] Guttman, Michael and John Parodi, *Real-Life MDA*, Morgan Kaufmann Publishes, Amsterdam, 2007.

[Hsueh09] Hsueh, Nien Lin, Jong Yih Kuo, and Ching-Chiuan Lin, "Object-Oriented Design: A Goal-Driven and Pattern-Based Approach," Software and System Modeling , 8/1, PP. 67~84 , 2009-02.

[Huang07] Huang, Wei T., "On the MDA Courseware Development," *Journal of Software Engineering Study*, Vol.2, No.1, March 2007, pp.3-12.

[IEEE93] *IEEE Standard Collection: Software Engineering*, IEEE Standard 610.12-1990, IEEE 1993.

[Jacobso92] Jacobson, Ivar, et al., *Object-Oriented Software Engineering: A Use Case Driven Approach*, Addison-Wesley, Wokingham, England, 1992.

[Jacobson97] Jacobson, Ivar, Martin Griss, and Patrik Jonsson, *Software Reuse: Architecture, Process and Organization for Business Success*, Addison Wesley Longman, Harlow, England, 1997.

[Jacobson99] Jacobson, I., Booch, G., and Rumbaugh, J., *The Unified Software Development Process*, Reading, MA., Addison-Wesley, 1999.

[Kent Beck 2002] Kent Beck, Test Driven Development: By Example, Addison-Wesley, 2002.

[Kleppe03] Kleppe, Anneke, Jos Warmer, and Wim Bast, *MDA Explained*, Addison-Wesley, Boston, 2003.

[Khoshafian89] Koshafian, S. and Copeland, G., "Object Identity," *SGPLAN Notices* Vol.21(11), Nov. 1989, pp.406.

[Kruchten99] Krutchten, Phillippe, *The Rational Unified Process: An Introduction*, Addison-Wesley, Reading, MA., 1999.

[Larman02] Larman, Craig, *Applying UML and Patterns*, 2nd Edition, Prentice Hall International, Upper Saddle River, N.J., 2002.

[Larman04] Larman, Craig, Agile and Iterative Development – A Manager's Guide, Addition Wesley, Boston, 2004.

[Larman05] Larman, Craig, *Applying UML and Patterns*, 3rd Edition, Prentice Hall PTR, Upper Saddle River, N.J., 2005.

[Lethbridge05] Lethbridge, Timothy C. and Robert Langanière, *Object-Oriented Software Engineering*, 2nd Edition, McGraw-Hill International Edition, Boston, 2005

[Liskov88] Liskov, Babara, Data Abstraction and Hierachy in *SIGPLAN Notices*, 23(5), May 1988.

[Martinoz] Martin, Robert. *Agile Software Development: Principles, Patterns and Practices*. Pearson education. 2002

[McConnell06] McConnell, Steve, *Software Estimation*, Microsoft Press, 2006.

[Mellor04] Mellor, Stephen J., Kendall Scott, Axel Uhl and Dirk Weise, *MDA Distilled – Principles of Model-Driven Architechture,* Addison-Wesley, Boston, 2004..

[Mellor04] Mellor,Stephen J. and Starr Leon: Six Lessons Learned Using MDA. UML Satellite Activities 2004: 198-202.

[NAU69] Naur, P. and B.Randall (eds), *Software Engineering: A Report on a Conference Sponsored by the NATO Science Committee*, NATO 1969.

[McLaughlin07] McLaughlin, Brett D., Gary Pollice, and Duke West, *Head First Object-Oriented Analysis and Design*, O'Reilly, Cambridge, 2007.

[Mellor04] Mellor, Stephen, Kendall Scott, Axel Uhl, and Dirk Weise, *MDA Distilled – Principles of Model-Driven Architecture*, Addison-Wesley, Boston, 2004.

[Palmer02] Palmer, Stephen R. and Felsing, John M,, *A Practical Guide to Feature-Driven Development*, Prentice Hall PTR, Upper Saddle River, NJ, 2002.

[Pree95] Pree, Wolfgang, *Design Patterns for Object-Oriented Software Development*, Addison-Wesley, Wokingham, England, 1995.

[Pressman05] Pressman, Roger S., *Software Engineering: A Practitioner's Approach*, 6th Edition, McGraw-Hill International Edition, Boston, 2005.

[Royce70] Royce, Winston, "Managing the Development of Large Software Systems: Concepts and Techniques," reprinted in *The 11th International Conference on Software Engineering*, Pittsburgh, May 1989, IEEE pp.328-38.

[Rumbaugh99] Rumbaugh, James, Ivar Jacobson, and Grady Booch, *The Unified Modeling Lanaguage Reference Manual*, Addison-Wesley, Reading, MA., 1999.

[Schneider01] Schneider, Geri and Winters, Jason P., *Applying Use Cases: A Practical Guide (Appendix B)*, 2nd Edition, Addison-Wesley, Boston, MA., 2001.

[Shalloway05] Shalloway, Alan and James R. Trott, *Design Patterns Explained – A New Prpspective on Object-Oriented Design*, 2nd Edition, Addison-Wesley, Boston, 2005.

[SM88] Shlaer,Sally and Stephen J. Mellor, *Object-Oriented Systems Analysis: Modeling the World in Data*, Yourdon Press, Englewood Cliffs, NJ., 1988.

[SM92] Shlaer, Sally and Stephen J.Mellor, *Object Lifecycles – Modeling* the *World in States*, Yourdon Press, Englewood Cliffs, NJ., 1992.

[Warmer03] Warmer, Jos and Anneke,Kleppe, *The Object Constraint Language: Getting Your Models Ready for MDA*, 2nd Edition, Addison-Wesley, Boston, 2003.

[WB00] Wirfs-Brock, Rebecca et at., *Designing Object-Oriented Software*, Prentice Hall, Emglewood Cliffs, NJ. 1990.

[WBM03] Wirfs-Brock, Rebecca and Alan McKean, *Object Design – Roles, Responsibilities, and Collaborations*, Addison-Wesley, Boston, 2003.

[Wegner84] Wegner, P., "Capital-Intensive Software Technology," *IEEE Software*, Vol. 1(3), July 1984.

[Whitehead95] Whitehead, A.N., An Introduction to Mathematics, Oxford University Press, 1955.

[Wirfs-Brock07] Wirfs-Brock, Rebecca J., *IEEE Software*, Vol. 24(2), March/April, 2007, pp.9-11

博碩文化

博碩文化